集成系统健康管理方法研究
——以航天推进系统为例

JICHENG XITONG JIANKANG
GUANLI FANGFA YANJIU
YI HANGTIAN TUIJIN XITONG WEI LI

孟致毅　陈春梅　蓝红星◎著

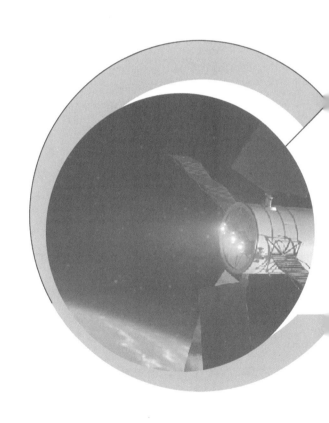

西南财经大学出版社
Southwestern University of Finance & Economics Press
中国·成都

图书在版编目(CIP)数据

集成系统健康管理方法研究:以航天推进系统为例/孟致毅,陈春梅,蓝红星
著 . 一成都:西南财经大学出版社,2017. 12
ISBN 978 - 7 - 5504 - 3147 - 8

Ⅰ.①集… Ⅱ.①孟…②陈…③蓝… Ⅲ.①航天推进—系统安全性—研究
Ⅳ.①V43

中国版本图书馆 CIP 数据核字(2017)第 179200 号

集成系统健康管理方法研究:以航天推进系统为例

孟致毅 陈春梅 蓝红星 著

责任编辑:何春梅
责任校对:金欣蕾 王青清
封面设计:何东琳设计工作室
责任印制:朱曼丽

出版发行	西南财经大学出版社(四川省成都市光华村街 55 号)
网 址	http://www. bookcj. com
电子邮件	bookcj@ foxmail. com
邮政编码	610074
电 话	028 - 87353785 87352368
照 排	四川胜翔数码印务设计有限公司
印 刷	四川五洲彩印有限责任公司
成品尺寸	170mm×240mm
印 张	12
字 数	220 千字
版 次	2017 年 12 月第 1 版
印 次	2017 年 12 月第 1 次印刷
书 号	ISBN 978 - 7 - 5504 - 3147 - 8
定 价	78. 00 元

摘　要

伴随航天技术的进步、航天器自身结构愈加复杂以及其任务难度的逐渐增加，对航天器系统安全性的要求也更高。系统安全性指系统处于可预测的、可接受的最小事故损失下正常工作的特性[2]。对载人航天而言，系统安全包括两个方面的内容：一方面是航天器任务完成的有效性，另一方面是救生系统工作的有效性。换言之，载人航天的系统安全问题可以具体分为两类，即航天器的任务安全问题和不同使用环境下、不同训练水平和飞行阶段时的人员安全性问题。

航天器系统是由诸多子系统、零部件构成的有机统一体，各子系统的功能不相同但是又相互联系，任何一个子系统的安全与航天器系统的安全息息相关。如果某个子系统出现故障，便会影响其他子系统的信号获取和数据处理，从而导致更大范围甚至整个系统的效能或可靠性降低，威胁航天任务、航天器及人员的安全。

航天器系统结构复杂，子系统及零部件数量众多，加之故障特征多样，存在大量的不确定因素影响系统故障的监测和识别。但是由于航天任务的独特性和挑战性，对航天器飞行过程的时间成本要求严格，因此，如何能够在航天器复杂系统结构中把握影响系统安全的关键系统，快速过滤出有效的故障信息，做出科学合理的处理决策，提高航天器系统健康管理的时效性和可操作性，成为目前众多专家学者关注的重点。本书的后续部分拟从航天器推进系统进行研究，首先对航天器推进系统的概念进行介绍，就其系统结构和特征进行梳理和总结，提出电子系统的分层效能评估问题、软件系统可靠性评估问题以及发动机系统剩余使用寿命预测问题。具体从以下六个方面展开研究：

（1）从研究背景、研究现状、研究框架三个方面进行阐述，介绍理论和现实背景，阐明研究目的和意义。运用文献综述的方法，系统梳理以航天推进系统、系统健康管理、效能评估、可靠性评估及剩余使用寿命预测为主题的核心研究文章，为本研究提供启示。研究背景部分主要是通过对涉及航天器安全问题的迫切重大事件资料梳理发现问题、明确研究目的与研究意义，指出研究的重要性；研究现状部分通过对相关问题及方法研究的总结分析，指出其不足，为本研究指明方向；研究框架主要从研究思路、技术路线、研究内容三个方面对全文进行归类说明，其中包含研究的方法和途径。

（2）阐述综合系统健康管理的基本框架，包括数据获取，效能评估、可靠性评估、故障诊断及寿命预测为一体的安全评判，决策支持等。阐述了信息融合模型和启发式智能算法，包括对模糊语义度量的定义、隶属度函数的构建以及模糊语义尺度的运算方法。在启发式智能算法方面，介绍了支持向量机算法、遗传算法及传统层次分析法、网络层次分析及信息熵计算的基本方法。

（3）阐述航天器推进系统中电子系统、软件系统和发动机系统三个子系统的基本概念，及其在整体系统中的关键作用和特殊功能。阐述安全关键系统的定义，详细描述其具体特征，并根据定义和特征对航天器安全系统相关理论进行分析和梳理。

（4）考虑了模糊环境下航天器推进系统的电子系统分层效能评估问题。根据电子系统的结构特征，按照综合系统健康管理的逻辑顺序，先后建立系统级健康状态评估模型和子系统级效能水平评估模型。然后根据评估变量和指标的特点，将模糊语义尺度应用到解决定性指标定量化的处理过程中，结合网络层次分析的优势，对子系统级的效能水平进行评估。该模型和方法将系统级和子系统级的健康问题都进行考虑，完善了航天器推进系统的电子系统在子系统级的效能评估理论和方法。

（5）拟解决航天器推进软件系统的可靠性预测问题。按照航天器推进系统综合系统健康管理的逻辑顺序，根据软件系统的特征，进行可靠性指标的分析和选择，围绕指标构建信息融合的可靠性评估模型，模型中将支持向量机算法和遗传算法有机结合，并对遗传算法的参数选择环节进行改进，实现自动选择参数的自适应遗传算法，通过 AGA-SVM 智能算法对数值算例进行求解和运算，通过分析验证，得到精确的可靠性评估数据，拟向决策者提供有效支持，以保障维修和养护决策的科学性。

（6）针对航天器推进发动机系统剩余使用寿命预测问题，按照航天器综合系统健康管理的逻辑思路，根据航天器发动机的系统特征，分析其失效机理，在深入分析的基础上，筛选确定剩余寿命预测的相关指标，建立融合预测模型。在模型中引入模糊语义度量方法和信息熵的方法对模型进行求解。最后根据发动机系统特征编制的数值算例来对模型和算法进行分析和验证。

目　录

1 引言

航天技术的不断突破，推动了人类载人航天工程的快速发展。在航天事业取得骄人成绩的同时，航天安全问题也逐渐凸现出来。航天器[40]作为人类进行太空探索、开发太空资源的主要工具，它的安全对航天器事业的快速发展和科研人员的安全具有重要的意义。随着航天任务的时空要求不断增加，航天器工作的环境更加复杂，对航天器安全也提出了更高的要求。航天器推进系统[6,17,35]作为航天器的安全关键系统，通过其电子系统[26,41]、软件系统[20]和发动机系统[29,32]三个子系统的协同合作不断为航天器提供动力和支撑[42]，其系统安全对航天器任务的完成以及人员的安全具有重要的意义。由于其三个子系统在航天器中的特殊功能，推进系统一旦出现异常或故障，将造成极其严重的危害和损失，加上其恶劣且充满不确定因素的工作环境，增加了发生异常和故障的可能性，因此对航天器推进系统的健康管理尤为迫切。本书基于航天器集成健康管理的理论框架，从电子系统效能[24,27,33]、软件系统可靠性[25,44]和发动机系统剩余寿命的角度对航天器推进系统这一安全关键系统进行研究，以探寻能有效解决航天器安全问题的健康管理方法，实现航天器的可持续健康工作，规避任务失败风险，减少过度维修造成的时间和资金的投入增加，保障航天器顺利达成其航天任务。

1.1　研究背景

科技进步使人类社会生产生活水平得到大幅度提高的同时还造成一系列譬如环境污染、资源匮乏等需要人类共同面对的难题。人类也已经意识到地球自身的资源远远无法满足日益增加的生产、生活所需。正是在此需求下，人类利用科技进步的成果，积极推进载人航天工程，将未来的发展方向着眼于太空，使得人类的航天梦想变成现实。一些国家和地区已积极组织开展载人航天活动，将探索的脚步迈向太空。空间高科技是当代发展最快的尖端技术之一，已成为衡量一个国家综合实力的重要标志。

不同国家和地区根据自身的实力均在航天工程领域各个方面取得骄人的成绩，因此对空间资源的开发和探索逐渐由近地观测向远太空扩展。2013 年我国成功发射"神舟十号"飞船，在轨运行 15 天后顺利返回地球[38]，圆满完成为"天宫一号"在轨运行提供人员和物资的地空往返运输服务的任务，巩固了交会对接技术，对飞行时间、航天员的工作程序等进行调整，为我国建立太空空间站打下基础。此外，我国于 2016 年发射"天宫二号"太空实验室[39]，并在其发射后选择时机发射"神舟十一号"飞船，完成飞船与天空实验室的二次对接，再次推进我国航天技术的飞跃，从而实现在 2020 年建成载人太空空间站的计划[34,36,38,39]。而美国于 2011 年宣布将工作 30 年的航天器工程退役的同时开始实施新一代载人航天器计划来完成更具挑战性的空间探索活动。俄罗斯及日本等也都积极开展航天探测活动，力图取得太空资源开发探索的突破，其中俄罗斯还在探讨合作建造核动力飞船[99,176]。不言而喻，航天器成为载人航天活动得以开展的基本依托[40,45]。勘察、挖掘及使用太空资源都与航天器有着千丝万缕的联系。同时，航天器的整体安全和成本控制也因航天工程使命的逐渐多样化、更富挑战性和不确定性而提出更高的要求[14]：一方面要规避航天飞行的风险，提高完成任务和使命的安全指数；另一方面要保证运行维修的质量以及控制成本。

就运行中的航天器而言，其面临的工作环境极其复杂，故障后维修几乎不可能，加之其任务周期和挑战性不断增加，都加剧了航天任务失败的风险[185]。航天器必须依靠高度可靠的部件和维修技术，以提供必要的安全保障，避免任务失败。因此，一种包括了数据获取、安全预评和决策支持及相关技术手段的集成系统健康管理（Integrated System Health Management，ISHM）[106,122]开始出现，以满足航天器系统安全和维护需求。NASA给出集成系统健康管理的概念：在全寿命周期内对系统的故障进行预防或将故障影响降低到最低的过程、方法和技术[188]，其目的是解决在生产和运行全过程中的安全隐患。相较于传统维护管理，集成系统健康管理的优势在于其将按预定时间进行的"计划维修"（Time based Maintenance，TBM）[88]演进为全过程实时监测，即一旦系统发生偏差，立即进行相应的管理措施，在故障发生之前便通过有效措施进行处理，即"视情维修"（Condition based Maintenance，CBM）[129]。

由众多部件和子系统构成的航天器是一个非常复杂的综合系统，其中每一个子系统和部件都具有独特的功能和性质，一旦其中一个子系统和部件出现异常或故障，将会引起整体系统功能的故障[3]。作为有机整体的一部分的各子系统之间存在故障传播的可能，若一个子系统出现故障，很可能导致其他子系统的异常，进而对决策者的判断造成干扰，甚至出现错误判断的情况。故障特征与故障类型之间并不一定是一一对应的映射关系，且由于航天任务的特殊性和挑战性，所以要明确航天器安全关键系统，并且进行实时监测和管理，通过对海量数据的过滤来提取最能反映故障特征的信息[23]。

在航天器推进系统中，电子系统、软件系统及发动机系统在保障航天器正常运行过程中起到关键的作用。具体来讲，电子系统涵盖了航天器当中所有的电子设备[199]，实现了航天器包括通信、导航、飞行控制、数据处理和飞行器管理在内的基本功[68]，因而电子系统的健康状态与航天器的飞行安全以及航天任务的成功都有着直接的关联。无论是飞往空间站、月球、火星甚至更遥远深空的航天器，都需要高可靠性的元器件集成以及针对电子系统的有效健康管理计划[54,64,229]。软件系统是由众多命令程序和子系统构成的复杂系统，其可靠性不仅受到设计生产阶段的因素影响，还受到其复杂运行环境的影响[123]。软件系统高度的结构复杂性和不确定的运行环境在故障因子和故障机理方面充分体现出来。高度复杂的系统特征使得软件可靠性的研究需要多种学科知识的支撑，对于集成手段的要求也较高[170,184]。作为航天器的心脏，发动机系统的状态直接影响航天器的安全性、可靠性和操作性[223]。发动机故障预测与健康管理可以提供故障预警并估计剩余使用寿命。然而，发动机系统因为无形的和不确定的因素而具有高度复杂性，以至于难以模拟其复杂的降解过程，而且没有单一的可以有效解决这一关键和复杂问题的预测方法[57]。

综上所述，在航天器推进系统中，电子系统、软件系统和发动机系统分别以不同形式发挥着至关重要的作用，其系统的健康和安全是航天器任务的实现和航天器系统安全的基本保障。本书将针对推进系统这一航天器的安全关键系统，根据电子系统、软件系统和发动机系统的结构特征和故障机理，分别从效能、可靠性和剩余寿命几个角度进行系统健康管理研究。目前，众多学者和专家已经做出了大量的关于航天器系统健康管理的研究，但是关于航天器推进系统健康管理工作还有以下问题。

第一，缺乏航天器安全关键系统的综合考虑。事实上，航天器安全关键系统是从航天器众多部件和子系统中按照其功能实现的特殊性和失效危害的严重性过滤出来的。航天器由于其任务使命的艰巨性、运行环境的严酷性及维修操作的不可能性，加之其一旦发生故障甚至失效所造成的任务失败和人员伤亡的损失极为惨重，因此航天器的安全性和可靠性是进行空间资源探索、开发和利用的基本前提。航天器是由众多部件和子系统构成的复杂系统，其结构的复杂性导致在进行系统健康管理时不可能对所有的部件和子系统进行状态监测、寿命预测和故障诊断，因为如此操作是非常耗时且低效的，也是航天任务所不允许的。因此，需要明确航天器安全关键系统的特征，并根据其具体特点采取相应的集成系统健康管理。就航天器推进系统而言，电子系统、软件系统和发动机系统分别以不同形式发挥着其独特的关键功能。电子系统涵盖了航天器中所有的电子设备，实现了航天器包括通信、导航、飞行控制、数据处理和飞行器管理在内的基本功能。软件系统是由众多命令程序和子系统构成的复杂系统，其可靠性除了受到设计生产阶段的因素影响外，还受到其复杂运行环境的影响。发动机系统是航天器的心脏，其健康状态直接影响航天器的安全性、可靠性和操作性。目前，已经有大量的研究关注推进系统的这三个子系统。Kayton[139]对载人航天器的电子系统进行了系统分析及功能定位。Celaya[77]对电子系统进行故障诊断研究。Xu 等[227-229]采用基于信息融合的方法对推进系统电子系统进行健康状态评估。Wang[218]从设计和测试的角度对航天飞行器软件进行研究。Wang 等[223]提出一种基于支持向量机（SVM）方法的发动机的诊断和预测研究。Leveso[150]就软件的功能角色进行定位分析。戎翔[30]对发动机的剩余寿命和维修决策进行研究。但是大部分研究都是着眼于单一的安全关键系统，同时关注多个安全关键系统的研究较少。事实上，一方面，航天器推进系统中的电子系统、软件系统和发动机系统既作为独立的系统存在，有完整的系统结构和要素；另一方面，各个系统之间又是相互影响、相互支撑、互为依托的关系。因此，要把相互之间的联系作为背景条件，再对某一个系统进行研究。

第二，尚无针对航天器推进系统进行的集成系统健康管理问题研究。基于集成系统健康管理方法的航天器安全关键系统研究和传统的健康管理及安全关键系统管理有较大差别。一方面，传统的健康管理通常是针对较简单或者一般复杂的系统进行的维修、养护，而现实情况中，尤其是航天器推进系统，所面临的运行环境和系统结构都是极为复杂的，因此对健康管理的要求也是非常高的。通常需要在对系统进行模块化分级的前提下，对其采取包括健康状态监测、安全评估与诊断、决策支持等系列管理活动。另一方面，传统的健康管理的对象为生产或生活较常见的各类系统，而航天器推进系统是具有高度复杂性、任务艰巨性、成本高昂等特性的特殊系统。目前已经有一些文献[4,7,9,12,13,21]对飞行器等进行系统健康管理讨论，尽管这些文献推动了系统健康管理理论的进步和完善，但是这些文献主要着眼于飞行器中的某一部分或整体系统的研究，尚无关于航天器推进系统这类安全关键系统的健康管理研究。

第三，未曾考虑基于集成系统健康管理的航天器推进系统的子系统级问题研究。航天器推进系统的结构复杂程度较高，系统与子系统级的关系梳理难度较大，因而目前对其子系统的研究较少。但是，子系统级问题的研究又是十分必要的。在推进集成系统健康管理的过程中，一般通过一系列科学方法对推进系统中可能出现的故障或异常的部件进行管理，以便了解其健康状态，一旦出现偏差，能够实现精准定位，采取相应对策。应该投入更多的时间对推进系统的电子系统、软件系统和发动机系统进行研究，特别是对子系统级安全问题的关注。部分研究[15,43]讨论了电子系统故障预测与健康管理技术现状与发展情况，也有一些研究[1,10,11,22]分别从可靠性度量和视情维修决策角度对软件系统和发动机系统进行探讨。尽管这些文献丰富和发展了航天工程的理论，并成功运用于航天项目的飞行任务中，但是目前尚无关于航天器推进系统子系统级健康管理的研究。

基于上述分析，本书将针对航天器推进系统的电子系统、软件系统、发动机系统三个子系统，结合其基本特征，运用综合系统健康管理的方法从电子系统效能评估、软件系统可靠性评估和发动机系统剩余寿命预测的角度进行深入的理论研究、模型构建、算法设计和应用分析，丰富和完善航天器安全关键系统的集成健康管理理论，为航天探索活动的推进提供支持。

1.2 研究现状

对推进系统集成健康管理的已有文献进行梳理归纳，分析研究的热点和趋势，介绍它们的研究现状。本书运用 NodeXL[207]（Network Overview Discovery Exploration for Excel）的网络化可视分析的功能，对文献对象进行分析。运用 NodeXL 的网络分析方法，将推进系统集成健康管理相关文献中的关键词与发表年份进行对应联结形成二维或多维阵列，进而发现研究热点和趋势，如图 1.1 至图 1.3 所示，其研究热点聚焦于效能、可靠性和剩余寿命三个角度。

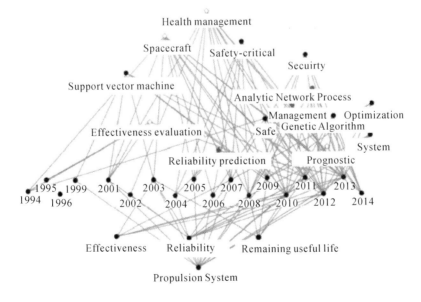

图 1.1　研究热点趋势示例

图 1.2 推进系统集成健康管理文献关键词网络图

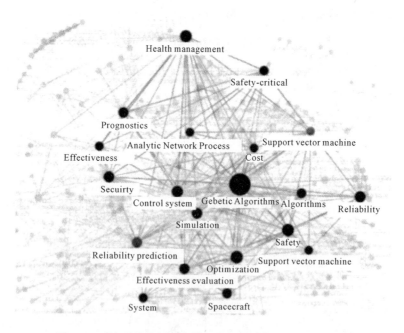

图 1.3 过滤后的推进系统集成健康管理文献关键词网络图

为了更准确地分析推进系统、效能评估、可靠性预测和剩余寿命预测的研究现状与研究热点，本书选取了三个重要的数据库（SCI、ScienceDirect、CNKI），采用 NoteExpress2 对文献进行系统的梳理和回顾。

在 ScienceDirect 和 SCI 中，将"propulsion system"分别与"effectiveness evaluation""reliability prediction"和"RUL prediction"进行两两组合进行检索。为了避免过多的文献数目及保证较高的相关性，只选择在"title"中出现检索词的条目。在 CNKI 中，将推进系统分别与系统健康管理、效能评估、可靠性预测和剩余寿命预测进行两两组合进行检索，为了避免过多的文献数目及保证较高的相关性，只选择在题目中出现检索词的条目。

通过阅读标题与摘要来确定相关性，对所有文献进行初步筛选和整理，得到的文献汇总情况如表 1.1 所示。

表 1.1 　　　　　　　　　　　文献分布 　　　　　　　　单位：篇

问题 数据库	推进系统		
	效能评估	可靠性预测	寿命预测
ScienceDirect	98	108	166
SCI	184	1 165	32
CNKI	71	91	194
合计	488	1 364	392

（1）推进系统与效能评估。

对于推进系统与效能评估的组合，在通过对文献进行初步筛选整理后，得到 488 篇文献。但是 SCI 数据库中有重叠的题录，所以需要对文献进行"查找重复题录（文献）"操作。设置"待查字段（E）"属性为"标题；年份；作者"，设置"匹配度（M）"为"模糊"，选择"大小写不敏感（C）"查找出重复的题录后，得到了有 353 题录的基础数据库。然后选择"文件夹统计信息"，分别统计"年份""期刊""作者"得到图 1.4 至图 1.6。文献总体统计结果如表 1.2 所示。

图 1.4　推进系统与效能评估组合情况年份分布

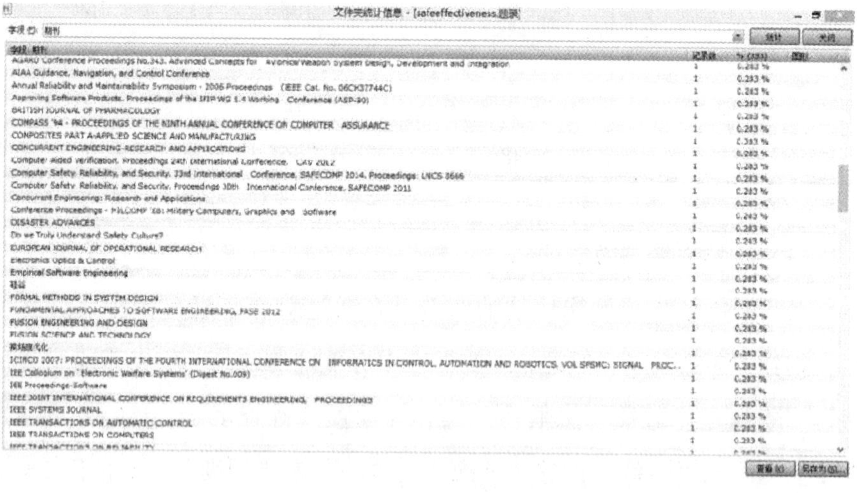

图 1.5　推进系统与效能评估组合情况期刊分布

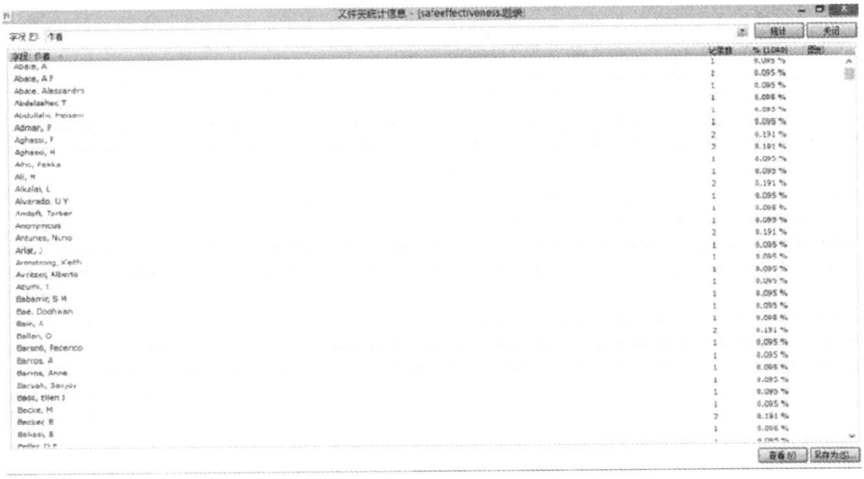

图 1.6 推进系统与效能评估组合情况作者分布

表 1.2　　　推进系统与效能评估组合情况文献总体统计结果

年份	2013 年：52（14.731%） 2011 年：40（11.331%） 2012 年：34（9.632%） 2010 年：28（7.932%）
关键期刊	IEEE Transactions on automatic control：11（3.883%） ACM Transactions on embedded computing systems：9（2.556%） Reliability engineering & system safety：8（2.276 7%） Real-Time systems：6（1.711%） Journal of systems and software：5（1.426%）
作者	8 篇文献的作者：F. Aghassi 7 篇文献的作者：B. Becker 7 篇文献的作者：Cao，Guangming 3 篇文献的作者：L. Aikalai 3 篇文献的作者：S. Dajani-Brown

（2）推进系统与可靠性预测。

对于推进系统与可靠性预测的组合，在通过对文献进行初步筛选和整理后，得到 1 364 篇文献。但是 SCI、ScienceDirect 和 CNKI 的数据库有重叠，所以需要对文献进行"查找重复题录（文献）"操作。设置"待查

字段（E）"属性为"标题；年份；作者"，设置"匹配度（M）"为
"模糊"，选择"大小写不敏感（C）"查找出重复的题录后，查找出 108
篇重复的题录，得到了有 1 256 题录的基础数据库。然后选择"文件夹统
计信息"，分别统计"年份""期刊""作者"得到图 1.7 至图 1.9。文献
总体统计结果如表 1.3 所示。

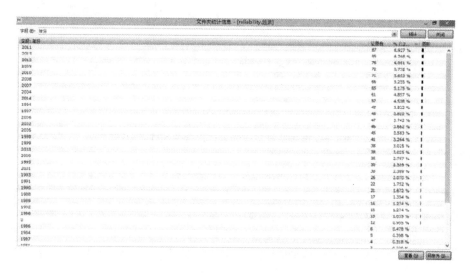

图 1.7　推进系统与可靠性预测组合情况年份分布

图 1.8　推进系统与可靠性预测组合情况期刊分布

图 1.9　推进系统与可靠性预测组合情况作者分布

表 1.3　　推进系统与可靠性预测组合情况文献总体统计结果

年份	2011 年：87（6.927%） 2013 年：85（6.768%） 2012 年：76（6.051%） 2009 年：72（5.732%）
关键期刊	Reliability engineering & system safety：30（2.389%） IEEE Transactions on reliability：14（1.115%） Fujitsu：7（0.557%） Journal of systems and software：6（0.478%） Fujitsu scientific technical journal：6（0.478%）
作者	21 篇文献的作者：Anonymous 12 篇文献的作者：M. Hecht 8 篇文献的作者：B. Cukil 8 篇文献的作者：H. Hecht 8 篇文献的作者：B. W. Johnson

（3）推进系统与寿命预测。

对于推进系统与寿命预测的组合，在通过对文献进行初步筛选和整理后，得到 402 篇文献。但是 SCI、ScienceDirect 和 CNKI 的数据库有重叠，所以需要对文献进行"查找重复题录（文献）"操作。设置"待查字段

（E）"属性为"标题；年份；作者"，设置"匹配度（M）"为"模糊"，选择"大小写不敏感（C）"查找出重复的题录后，查找出167篇重复的题录，得到了有235题录的基础数据库。然后选择"文件夹统计信息"，分别统计"年份""期刊""作者"得到图1.10至图1.12。文献总体统计结果如表1.4所示。

图 1.10　推进系统与寿命预测组合情况年份分布

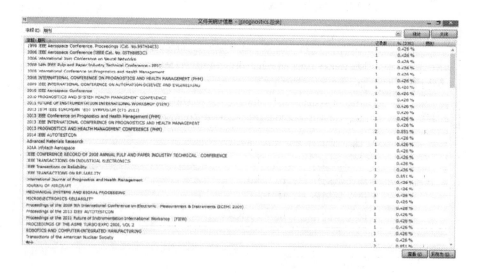

图 1.11　推进系统与寿命预测组合情况期刊分布

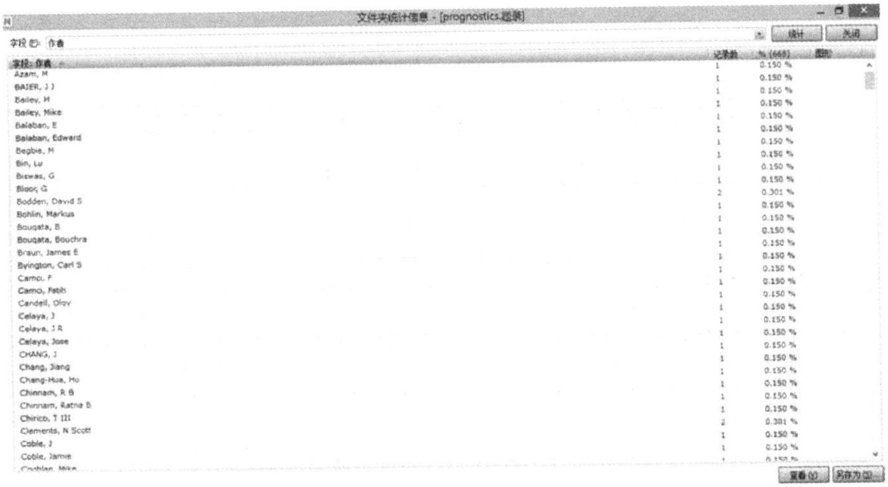

图 1.12　推进系统与寿命预测组合情况作者分布

表 1.4　　　　　推进系统与寿命预测组合情况文献总体统计结果

年份	2013 年：48（20.426%） 2014 年：35（14.894%） 2012 年：23（9.787%） 2011 年：19（8.085%）
关键期刊	IEEE Transactions on industrial electronics：8（3.404%） IEEE Transactions on reliability：8（3.404%） International journal of prognostics and health management：7（2.988%） Journal of aircraft：6（2.553%） Microelectronics reliability：5（2.127%）
作者	8 篇文献的作者：Bodden, S. David 7 篇文献的作者：Clements, N. Scott 7 篇文献的作者：K. Goebel 6 篇文献的作者：Grube, Bille 6 篇文献的作者：Hadden, Wes

接下来，以上面的数据库为基础，对推进系统、效能评估、可靠性预测和寿命预测的研究现状进行介绍。

1.2.1　效能评估

　　第二次世界大战结束以后，系统效能的问题逐渐凸显，引起了学者们的广泛关注。归结系统效能问题凸显的原因主要有以下几方面：第一，伴随制造技术的进步，加上第二次世界大战后各国对武器装备的重视程度提高，武器装备结构更加复杂，运行环境和任务使命更加具有挑战，因此，武器装备的性能不确定性也大大增加，对武器系统效能的关注也随之增加。第二，第二次世界大战后，迫于技术进步和人民生活所需，各国重视工业生产发展，工厂企业发展迅速，规模化生产日益常态化，流水作业大大提高了生产效率，但是由于精细化程度较低、次品率较高，企业投资收益率不高的问题逐渐凸显，引起了工业生产和经济管理领域专家的关注。第三，第二次世界大战战后，国际环境相对稳定，在全球和平发展的大主题下，各个国家和地区的政府组织不断重视职能的转变，对政府机构服务效果的评价的分析研究逐渐增多。在此基础上，本书从系统科学的角度出发，就航天器推进系统的电子系统进行分级效能评估，以准确分析其性能，提高航天器安全达成规定任务的能力。

1.2.2　可靠性预测

　　第二次世界大战后，可靠性的定量计算概念被首次提出，可靠性便逐渐在许多重要理论和实践领域得到研究和应用，如航空航天、国防武器、医疗器械、精密仪器生产等。各个国家和地区也先后建立了可靠性研究机构并制定了一系列的可靠性标准，以规范在航天工业、武器装备、精密仪器等领域的生产活动。美国先后制定了可靠性通用大纲、可靠性预计、故障模式及影响分析、故障树分析等标准；苏联也制定了包括可靠性理论、实验、数据反馈等的《FOCT-27 可靠性》标准；1965 年国际电子技术委员会成立了可靠性技术委员会，推动了可靠性研究的国家化发展。我国也于 20 世纪 50 年代开始展开可靠性的相关研究，先后成立了多个可靠性研究机构，陆续推出各种类型可靠性标准体系，推动可靠性技术的进步。

1.2.3 寿命预测

自 20 世纪 50 年代到 60 年代感官和简单仪表的寿命预测的提出之后，寿命预测就广泛运用于许多重要理论和实践研究及应用中，如航空航天工程、军事武器装备、医疗器械等领域。随着科技的进步，人类的脚步逐渐由地面迈向远太空，越来越多的航空航天活动使得航天事业取得骄人的成绩，然而作为航天活动的主要工具的航天器却不断地发生故障并造成严重损失，使人们不得不关注航天器安全。寿命预测作为航天器安全保障的主要内容越来越受到重视，关于寿命预测的研究也逐渐涌现出来，但是由于航天器结构的复杂性及运行环境的严酷性，剩余寿命预测技术仍需要不断完善和改进，以满足更高、更严的安全要求。

1.2.4 现状评述

这部分介绍了安全关键系统、系统健康管理、效能评估、可靠性预测以及寿命预测等相关领域文献的研究现状，及其在航天器推进系统安全问题方面的相关研究。总结已有的文献，主要在以下四个方面存在问题。

（1）安全关键系统。

安全关键系统是指那种一旦失效会导致生命、财产损失惨重或者生态环境破坏严重的系统。自 20 世纪 80 年代加利福尼亚大学 N. G. Leveson 教授提出安全关键系统的概念之后，安全关键系统相关的讨论和研究不断涌现，引起许多学者关注，如美国 Virginia 大学的 J. C. Knight 教授、英国 Reading 大学的 J. P. Bowen 教授。欧洲、美国等发达国家和地区相继推行了倾斜政策，积极推进安全关键系统的相关研究。相关机构也积极开展安全关键系统的科研项目，如 NASA（美国国家航天局）、英国的 MoD（国防部）等。30 年来，关于安全关键系统的研究取得了颇多成果，并成功运用于航空航天、国防军事、医疗、工业生产活动中，解决了诸多关键问题。号称"世界上最先进飞机"的波音 777 就采用了安全关键计算机系统，实现了通信的协调，保障了飞行任务的完成。针对航天器的安全关键系统的相关理论比较匮乏，已有对航天器的安全关键系统的理论研究只是宏观、笼统的描述，对具体航天器推进系统中电子系统、软件系统及发动机这系列安全关键系统的具体研究有待完善。事实上，在实际生活中，由于电子系统、软件系统及发动机系统安全问题而造成的航天器失效和航天任务失败的事件时有发生，应该引起重视，特别是对案例的分析和研究。

（2）系统健康管理。

系统健康管理的概念是针对多状态复杂系统的安全问题提出的，目前已经在许多重要理论和实践领域得到广泛的研究和应用，如航空航天工程、武器装备、医疗精密仪器等领域。随着科学技术的不断进步，航空航天等领域不断取得突破，但是随之而来的技术和成本问题也逐渐凸现出来。1986 年，美国的航天飞机"挑战者"发生爆炸，造成 7 名宇航员遇难和将近 2 亿美元的经济损失；2003 年，美国"哥伦比亚"号航天飞机发生意外，造成多名宇航员遇难以及数亿美元的经济损失；2014 年，马来西亚航空公司的"MH370"和"MH17"客机先后发生失联事件，导致数百名乘客遇难以及数亿元的经济损失。这些严重的、灾难性的事件的不断发生，迫使人们对复杂系统的健康管理关注起来。起初，对复杂的系统的健康管理主要是采取预防性的理念，即无论系统是否发生故障，定期对系统进行检查，若发现故障进行排除，或者在故障发生之后进行修复。多起事故发生使得人们对这种健康管理方法进行改进，以克服其缺点。若定期检修间隔时间太长，在间隔期间可能发生故障；若间隔时间太短，可能造成过度检修，成本大幅增加，影响任务的完成。根据相关资料显示，美国国防部每年对战斗机进行维修的费用达 200 亿美元；在美国航天运载火箭的设计研制报告中提到，为了确保航天任务的达成，在每一个任务周期的维修费用多达 400 万美元，同时有将近 200 个小时的多小组预防性维修。维修报告还显示，维修费用占到设计和生产成本的 15%~35%，并且其中将近 1/3 的费用是由于不必要、不准确的维修产生的。如此高昂的成本费用使得美国政府和军方倍感压力，从而开展各种研究以解决该问题。"视情维修"的概念被提出，并且逐渐代替之前的"预防性维修"。"视情维修"和早期的"预防性维修"的主要区别在于其着眼于系统状态趋势的实时监测，将故障排除在萌芽状态。因此，产生了一种基于"视情维修"的故障诊断和健康管理（PHM）概念。其旨在通过对有限的集成传感器信息进行分析处理，运用各种数理方法，根据系统特征，建立符合故障机理的预测、评估、诊断模型，从而为维修决策提供支持，以大大提高维修的精确性，降低维修费用成本。但是，随着系统的复杂程度不断增加以及运行的环境更加严酷，任务的难度不断提升，该种方法在处理问题上逐渐暴露出诸多问题，因此提出了综合系统健康管理（ISHM）的概念。它主要是以状态监测为逻辑起点，组织各领域专业人员，综合航空航天专业、数学、机械等各专业知识，实施健康状态评估、效能评估、寿命预测等安全评估，根据结果对系统或子系统进行维修决策，并及时向决策者反馈决策信息。集成系统健康管理中各个环节既是独立的一个部分，又是相互联系、彼此支撑的有机整体。在对子系统执行时需要同时考虑整个系统的情况，同样，在执行某一环节时，需要以整个过程为依托。目前，对系统健康管理的研究已比较广泛且深入，但是对航天器推进系统的健康管理的研究比较缺乏。相对于一般的系统而言，航天器推进系统的规模更大、结构更复杂、承担的任务更加艰巨、运行的环境更加严酷，系统一旦失效所造成的任务失败及人员伤亡的损失惨重，因此对该类系统的研究十分迫切，特别是针对航天器推进系统中的电子系统、软件系统和发动机系统这样作为航天器的神经和心脏的安全关键系统的研究。

（3）效能评估。

对系统效能评估的研究主要分布在武器装备、工业生产流程、政府组织等领域，比如，运用多属性决策方法对武器装备系统进行的效能评估，基于系统动力学原理对工业生产系统进行效能优化，以提高精细化程度，控制成本、增加效益。尽管这些研究直接或间接丰富完善了效能评估的理论和实践，解决了诸多现实问题，但是这些方法对于推进系统的电子系统这类安全关键系统的效能评估并不是完全适用。对推进系统的研究，特别是推进系统中电子系统的研究比较匮乏。由于航天器推进系统中电子系统自身的结构复杂性不断提升、航天任务的时间和距离不断增加、运行环境更加严酷以及不确定性的增加，航天器推进系统电子系统的效能问题逐渐突出。

（4）可靠性预测以及寿命预测。

针对剩余寿命问题的研究主要集中在武器装备、大型施工机械、医疗仪器等领域。故障诊断与健康管理（PHM）的方法理论已经比较成熟，并成功运用于复杂系统安全性问题的解决。然而在航天器推进系统的这类安全关键系统安全研究中，特别是发动机系统，由于其系统特性，剩余寿命的研究尚不完善，已有的剩余寿命的理论不完全适用于发动机系统的剩余寿命问题，因此，对航天器推进系统发动机系统的寿命预测研究具有重大意义。

对于航天器推进系统的电子系统、软件系统、发动机系统三个子系统的安全的评估与预测方法进行研究，通过精确地了解系统效能水平、可靠性状况及剩余寿命时间推算出系统的安全程度，以提高维修决策的准确性，对航天任务的顺利达成，降低航天器安全维护的费用等都具有重要意义。

1.3 研究框架

不同国家和地区根据自身的实力均在航天工程领域各个方面取得骄人的成绩，使得对空间资源的开发和探索逐渐由近地观测向远太空扩展。由众多部件和子系统构成的航天器是一个非常复杂的综合系统[3]，其中每一个子系统和部件都具有独特的功能和性质，一旦其中一个子系统和部件出现异常或故障，将会引起整个系统功能的故障[3]。作为有机整体的一部分的各子系统之间存在故障传播的可能，若一个子系统出现故障，很可能导致其他子系统的异常，进而对决策者的判断造成干扰，甚至出现错误判断情况。故障特征与故障类型之间并不一定是一一对应的映射关系，且由于航天任务的特殊性和挑战性，因此需要明确航天器安全关键系统，并且进行实时监测和管理，通过对海量数据的过滤来提取最能反映故障特征的信息[23]。航天器推进系统中的电子系统、软件系统及发动机系统在保障航天器正常运行过程中起到关键的作用。

1.3.1 研究思路

本书遵循问题导向的思路，通过深入调研发现问题，抽象提炼分析问题，理论推演构建模型，改进创新设计算法，实践应用剖析算例。从航天器安全关键系统着手，组织各领域专家，综合各类专业知识，针对航天器推进系统中电子系统、软件系统以及发动机系统，分别进行效能评估、可靠性预测和剩余寿命预测研究，归纳其具体概念模型，并进一步建立相应的动态模型，最后在实际算例应用中检验方法的有效性、合理性、科学性和实用性。这一过程也遵循了"理论-实践-理论"。本书的研究思路如图1.13 所示。

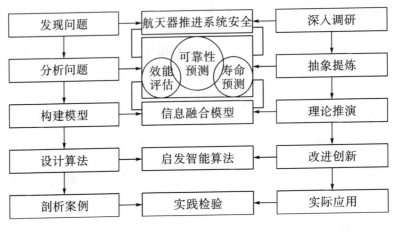

图 1.13　研究思路图

（1）发现问题。

本书的研究目的是寻求航天器推进系统的电子系统、软件系统、发动机系统三个子系统的安全评估与诊断方法，提供安全相关指标数据，解决航天器任务安全及人、财、物的安全问题。通过透彻了解航天器安全问题的背景和迫切需求，对航天器推进系统基本构成进行分析，深入挖掘航天器推进系统中存在的各种安全隐患问题，总结出"效能–可靠性–剩余寿命"这一关键问题。

（2）分析问题。

针对归纳出的关键问题，从理论视角进行深入分析，提炼航天器推进系统"效能–可靠性–剩余寿命"评估与预测的深层学理。根据实际问题的具体情况，建立问题的概念模型，阐述其关键要素，探索其内在本质，分析概念模型中各关键要素所蕴含的物理性质及其相互之间的物理联系。从理论上抽象出这种问题的数学模型的物理原型。

（3）构建模型。

在对问题深层分析的基础上，针对相关问题的数据收集特点，构建信息融合模型，用数学语言从信息融合角度描述航天器推进系统"效能–可靠性–剩余寿命"评估与预测问题，以提高维修决策的精确度，降低航天任务失败的风险、控制成本。同时进一步分析数学模型的相关性质，演绎其等价变化，通过净化形式逻辑推演中所产生的不具有物理意义的冗余信息，将数学模型还原为"规范"的数学模型。

（4）设计算法。

基于"规范"的数学模型的性质和特点，针对具体情况，设计求解算法。基于启发式智能算法，如支持向量机算法和自适应遗传算法的设计思路，将模型的融合性特点融入算法设计之中，形成求解动态问题的改进的启发式智能算法，以提高计算效率和稳定性，缩短求解时间。

（5）剖析案例。

将模型构建之方法与算法设计之思路应用于航天器推进系统"效能-可靠性-剩余寿命"评估与诊断的具体问题，检验建模与计算方法的科学性、有效性、合理性和实用性，通过剖析案例，对计算结果进行深层分析，发现结果的内在本质规律，得出综合系统健康管理的一般性原则，总结重要相关结论。

1.3.2 研究方法

基于集成系统健康管理的方法框架，根据研究思路，拟运用信息融合建模、理论分析、支持向量机算法、自适应遗传算法和案例研究等方法开展研究。

（1）信息融合建模。

以问题为导向，通过广泛的数据收集和整理发现航天器推进系统的评估与预测问题。通过系统分析，确定问题的评估变量，预测变量、诊断变量、构建状态转移方程以描述问题的评估变量、预测变量和诊断变量的转换关系，用数学语言表达问题的目标函数和约束条件建立相应的信息融合模型。

（2）理论分析。

针对所建立的信息融合模型，从理论层面分析模型的数学性质，证明模型的最优性原理，阐述扩展状态的可达集、条件函数的最优值、支撑函数的表面空间等概念，并证明线性支撑函数的存在性以及离散时间系统的最大值原理，为信息融合模型的理论算法的设计奠定基础。

（3）支持向量机预测算法。

基于传统支持向量机算法的设计思路，结合实际问题的具体情况，设计基于信息融合的支持向量机预测算法，将信息融合过程通过状态方程植入算法中，简化核函数及适应值对解表达方式，提高计算效率和稳定性。

（4）自适应遗传算法。

基于传统遗传算法的设计思路，考虑信息融合的特点，设计基于信息融合的染色体初始化、交叉和变异方式，使参数选择的过程动态化，充分发挥遗传算法的求解优势，使遗传算法能够适用于航天器安全关键系统评估与诊断问题。

1.3.3　研究内容

基于集成系统健康管理的方法框架，根据研究思路，围绕航天器推进系统"效能-可靠性-剩余寿命"评估与预测这一核心问题，笔者将研究内容分为七个章节依次展开，框架如图 1.14 所示。

1　引言。从研究背景、研究现状、研究框架三个方面进行了阐述，介绍本书的理论和现实背景，阐明研究目的和意义。运用文献综述方法，系统梳理以安全关键系统、系统健康管理、效能评估、可靠性评估及剩余寿命预测为主题的文献，为本研究提供启示。研究背景部分主要是通过对涉及航天器安全问题的迫切重大事件资料梳理发现问题、明确研究目的与研究意义，指出研究的重要性；研究现状部分通过对国内外相关问题及方法研究的总结分析，指出其不足，为本研究指明方向；研究框架主要从研究思路、技术路线、研究内容三个方面对全文进行归类概括说明，其中包含研究的方法和途径。

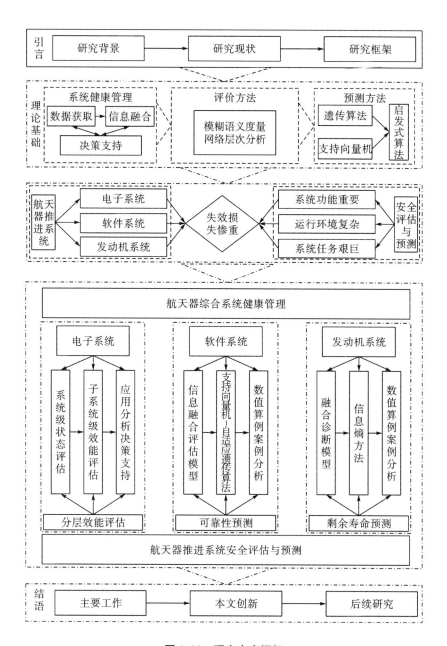

图 1.14　研究内容框架

2　理论基础。阐述集成系统健康管理的基本框架，包括数据获取，集效能评估、可靠性评估、剩余寿命预测为一体的安全评判，决策支持等。阐述了信息融合模型和启发式智能算法，包括模糊语义度量的定义、对隶属度函数的构建以及模糊予以尺度的运算方法。在启发式智能算法方面，介绍了支持向量机算法、遗传算法、网络层次分析及信息熵计算的基本方法。

3　航天器推进系统。阐述了航天器系统构成，包括有效载荷、姿态与轨道控制（含推进）、结构与机构、热控制、电源、测控（遥测、遥控与跟踪测轨）、数据管理等分系统。阐述航天器推进系统中电子系统、软件系统和发动机系统三个子系统在整体系统中的关键作用和特殊功能。阐述安全关键系统的定义，详细描述其具体特征，并根据定义和特征对航天器推进系统相关理论进行分析和梳理。

4　电子系统分层效能评估。这一章考虑了模糊环境下航天器推进系统中电子系统分层效能评估问题，根据电子系统的结构特征，按照集成系统健康管理的逻辑顺序，先后建立了系统级健康状态评估模型和子系统级效能水平评估模型。然后根据评估变量和指标的特点，将模糊语义尺度应用到解决定性指标定量化的处理过程中，结合网络层次分析的优势，对子系统级的效能水平进行评估。该模型和方法将系统级和子系统级的健康问题都进行了考虑，完善了航天器推进系统的电子系统在子系统级的效能评估的理论和方法。

5　软件系统可靠性预测。这一章拟解决航天器推进系统中软件系统的可靠性评估问题，按照航天器集成系统健康管理的逻辑顺序，根据推进系统中软件系统的特征，进行可靠性指标的分析和选择，围绕指标构建了信息融合的可靠性评估模型。模型中将支持向量机算法和遗传算法进行有机结合，并对遗传算法的参数选择环节进行改进，实现自动选择参数的自适应遗传算法，通过 AGA-SVM 智能算法对数值算例进行求解和运算，通过分析验证，得到精确的可靠性评估数据，拟向决策者提供有效支持，以保障维修和养护决策的合理性和科学性。

6 发动机系统剩余寿命预测。针对航天器推进系统中发动机系统的剩余寿命问题，按照航天器集成系统健康管理的逻辑思路，根据航天器推进系统中发动机系统的特征，分析其故障失效机理，在深入分析的基础上，筛选、确定故障诊断的相关指标，建立融合诊断模型，对其剩余寿命进行预测。在模型中引入模糊语义度量方法和信息熵的方法对模型进行求解，并通过数值算例来对模型和算法进行分析和验证。对基于集成系统健康管理的航天器推进系统中发动机系统的剩余寿命进行预测的理论和方法，突破了传统的单一寿命预测的局限，丰富了航天器健康管理的理论。

2 理论基础

航天器推进系统综合系统健康管理是多种理论方法的综合集成体现，其中系统健康管理为整个管理过程提供了概念框架。本章结合航天器推进系统的自身结构特征及运行环境，将模糊系统知识引入，以处理其中的不确定问题，并在此基础上，构建各种智能模型，得出精确数据，以支撑健康管理过程的决策。

2.1 概念框架

Wilmering 定义了综合航天器健康管理（IVHM）的主要功能，即提供嵌入式的诊断能力的内置测试（BIT），检测部件功能或状态的诊断，预判一个部件剩余的正常运作寿命时间，并根据诊断和预测信息，结合资源与运作需求来制订相应的维护活动的健康管理方案[67,106,107,109]。由于航天器推进系统集成健康管理属于集成航天器健康管理的发展延伸，IEEE 提出在轨健康管理与地面健康管理相结合的集成航天器健康管理应用系统架构同样适用于航天器推进系统集成健康管理系统应用。集成航天器健康管理应用系统架构如图 2.1 所示。它包括了机载的 IVHM 系统与地面的 IGHM 系统，且二者通过通信系统进行信息的交互传输。作为 IVHM 系统的细分应用，航天器推进系统这类安全关键系统的 ISHM 系统的核心是基于先进的集成传感器技术，采用各种智能算法模型，对推进系统进行状态的监测评估、诊断、预测，并对系统健康状态进行管理，是 IVHM 系统与 BIT 内置测试技术的延伸拓展[109,127,130,147]。

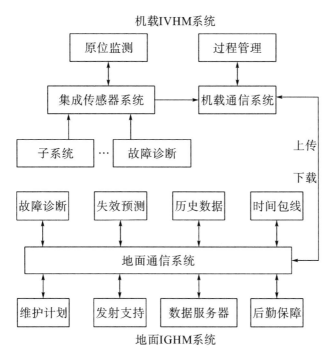

图 2.1 集成航天器健康管理应用系统架构

2.1.1 功能介绍

集成系统健康管理最初是应用于航天器的状态监控与载具维护中的，主要用于监控其推进系统、控制系统等机械电气一体化的部分[108,164,240]。这类机电一体化的系统设备的故障与失效通常是经过一定的时间，由损耗或本身的缺陷发展形成的。其故障机理较为明确，即通过先进的传感器技术与信息技术进行状态监测与信息处理达成系统的健康管理。集成系统健康管理系统的技术功能通常体现在以下三个方面：状态管理能力、故障管理能力、寿命预测能力。

（1）状态管理能力。

集成系统健康管理系统中的状态管理能力体现为对对象系统的状态监

测与状态评估。状态监测是通过传感器在航天器推进系统中布设原位监测点来实现的。状态监测能力主要由四个方面的量化指标来进行衡量，即性能指标监测效能、关键性能指标监测率、安全状态监测效能以及可用的状态监测效能。状态评估是基于状态监测的定量数据结合定性评价来实现的。状态评估能力主要以评估的及时性、全面性、客观性与准确性来衡量。

（2）故障管理能力。

集成系统健康管理系统中的故障管理能力包含对对象系统的故障预警与故障诊断。故障诊断需体现出故障定位与故障识别能力。其中，故障定位能力能够由对象系统的故障定位率、故障定位时间、错误报警率、再次测试不可重复率来评估。故障识别能力可以由对象系统故障识别率、故障识别时间以及错误的故障识别率来考量。

（3）寿命预测能力。

集成系统健康管理系统中的寿命预测能力包含对对象系统核心功能模块的寿命预测。核心模块的寿命预测能力可以由包括模块寿命追踪准确率、模块剩余寿命预测准确率、模块剩余寿命预测时间在内的量化指标来评判。

针对航天器推进系统的结构特点及失效和故障机理，对集成系统健康管理框架进行拓展和优化应用。航天器推进系统的集成系统健康管理采用开放系统结构，如图 2.2 所示，主要包括数据获取、安全评估预测及决策制定三个工作步骤[113,148,162,200]。数据获取步骤处理 ISHM 所需的数据信息。一般地，用以集成系统健康管理中的评估、诊断、预测和决策的数据都需要通过预处理。从图 2.2 中可以看出，基于原位监测得到的系统运行数据，评估系统当前的健康状态，利用故障诊断定位并识别系统中发生的故障，通过失效预测系统模块剩余有效寿命的分布、偏差及退化的程度来预估系统及模块可能的失效。航天器推进系统的集成系统健康管理，首先通过对功能模块的原位监测获得传感器数据，然后通过监测到的传感器数据，进行提取参数特征与信息融合的数据预处理。基于数据获取步骤中得到的系统状态信息，结合专家经验知识进行系统健康状态评估。根据一定系统状态评估结果展开随后的故障诊断，查明和识别某些导致系统功能异常或失效的原因，并判断、定位其产生劣化状态的位置。针对故障诊断的结果，对故障模块进行剩余使用寿命的失效预测，判断其在当前故障条件下演变为失效的时间周期长度。由上述整体概念框架的描述可知，航天器推进系统集成系统健康管理主要包括以下三方面内容：

①判断航天器推进系统处于其健康退化过程的何种健康状态，并量化评估系统当前健康状态的偏离程度，决定是否进行故障诊断或直接维护。此研究属于状态监测、评估与健康管理的范畴。

②根据系统当前的健康状态，判断系统中产生故障的位置，分析引起系统异常的故障模式，并提早对故障模块进行检测和识别，以避免相应模块乃至系统的功能失效。

③若系统已诊断出某模块产生了故障，则可根据故障模块原有的测试数据与当前的状态偏差，对故障模块从当前至可能失效的剩余使用寿命进行预估，以提前预警并明确维护时间。此研究属于针对系统模块剩余使用寿命的失效预测范畴。

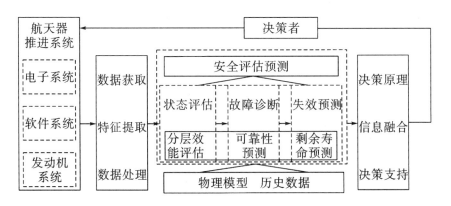

图 2.2 航天器推进系统健康管理架构

2.1.2 关键理论

针对航天器推进系统集成系统健康管理的技术研究是基于综合集成方法理论展开的，同时为应对航天器推进系统的复杂性与不确定性引入了模糊系统理论。本节简要说明进行集成系统健康管理关键技术研究的综合集成方法及模糊系统理论。

2.1.2.1　综合集成方法

我国杰出的科学家钱学森院士从工程实际出发，以系统科学的思想开展方法论的研究，提出了处理复杂系统问题的综合集成方法。其核心思想即处理复杂系统问题时，将跨学科的知识从多角度进行有机结合，展开综合的分析和研究，并通过循环反复的"分析-实践-综合-再分析-再实践-再综合"的过程，逐步实现对复杂系统问题从定性到定量与定性与定量相结合的处理。它是由人、计算机、智能软件三类子系统构成的协调运作系统，包含专家团体、知识系统群以及计算机网络三类子系统。可以说综合集成方法体现了各类跨学科的科学理论、专家团体的知识和经验以及各种数据信息同计算机技术的有机结合。定性与定量综合集成方法的三层概念框架如图2.3所示。

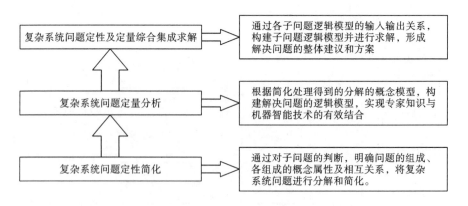

图2.3　综合集成方法三层概念框架

综合集成方法是研究和解决复杂系统问题的整体方法论，是实践论在现代科学技术条件下的具体表现，也是将跨学科知识进行有效结合的技术。目前大家广泛认为，综合集成方法是现今唯一能够有效处理开放复杂系统问题的途径，并且在处理复杂系统问题方面体现出重要的科学意义与工程价值。

①综合集成方法的形成，超越了传统思维理念的束缚，否定了机械自然观的还原论，同时也突破了传统的整体论。

②综合集成方法是处理复杂系统问题的重要手段之一，也是近年来系统科学与系统工程在复杂系统问题以及解决复杂系统问题的新理论、新方法研究方面的一大重要成果。

③综合集成方法突破了传统还原论与整体论方法的局限性，同时也汲取了两者的优点，反映出还原论与整体论相结合的辩证统一。它既超越了还原论，又发展了整体论，属于科学方法论研究的重大进展。

综合集成方法的主要步骤如下：

步骤一，进行经验性判断或假设。这些判断或假设通常是定性的认识，且往往不能通过严格科学的方法来证明，但可以通过搜集数据和信息并结合众多的参数模型来检测其判断或假设的确定性。

步骤二，借助计算机与通信等现代信息技术，基于既有经验与对系统的认识理解，并利用统计数据和各种信息建立参数模型。

步骤三，通过计算机仿真运算得出定量的计算结果。

步骤四，再经综合的分析与判断，达成主观与客观相结合的、经验与科学相结合的、定性与定量知识相结合的综合集成。

因此，综合集成方法通常采用自上而下的路径，先由整体到部分，再从部分到整体地将宏观与微观问题统一起来进行研究，并最终得到整体的解决方案。综合集成的研究方法主要进行了以下四个方面的有机结合：

①定性与定量分析结合。定性分析主要通过经验观察或调查到的信息

进行推理判断，从而认识某一系统的性质与变化规律。定量分析主要通过对实验得到的数据信息进行统计、仿真运算及数学推导，从而认识某一系统的结构与发展规律。定性分析较依赖经验，定量分析则以数据量与严谨的推理研究数量化问题。综合集成方法是指定性与定量方法结合运用的方法。

②分析与综合的结合。简而言之，分析即认识一个系统的功能、结构和组成部分，综合则是将各组成部分整合集成为具备相应功能的系统。采用综合集成方法对复杂系统问题的研究需要将两种方式交替往复地结合使用。

③跨学科专家知识的结合。研究复杂系统问题往往需要多个领域跨学科的专家团队参与其中，经过"采集-处理-集成"的流程制订出解决复杂系统问题的方案，因此需要对跨学科专家知识进行综合，并且综合的过程应贯穿问题处理的整个流程。

④经验判断与计算机运算的结合。专家对复杂系统的经验判断包含了对系统性能与结构的深刻认知，但定性的经验判断往往不够精确且可能不满足一致性。可利用计算机运算的强大数据处理能力，基于专家判断快速地对方案及结果进行模拟仿真，即综合集成方法能有效结合人脑与电脑的功效来进行复杂系统问题的研究。采用综合集成方法解决复杂系统管理决策问题的步骤可归纳如下：

步骤一，确定复杂系统管理决策问题的表达方式，使对其的处理能够尽量利用到计算机等信息技术。可采用自然语言、物理数学模型等方式对问题进行描述。

步骤二，运用与集成系统健康管理相关的知识网对集成系统健康管理技术研究进行理解，并将集成系统健康管理技术分解为相应的子问题。这一步骤也是将定性认识与定量分析相结合的重要步骤，对集成系统健康管理技术体系的理解与对恰当的子问题的分解是展开综合集成分析处理的基础。

步骤三，处理定性与定量知识以形成和扩充集成系统健康管理知识库。通过对集成系统健康管理知识的恰当表达，提取相关的专家经验知识，再经抽象和分析形成模型处理系统运作的结果。

步骤四，构造各个子问题的求解模型。这也是将定性知识与定量分析进行综合集成的具体和核心步骤。

步骤五，基于求解模型、算法知识库及分析方法库，采用适当的算法对模型进行求解，并形成对主问题的求解。

步骤六，根据求解结果，运用定性知识与定量知识进行总结与可行性分析，最终形成定性与定量综合集成的集成系统健康管理技术方案。

2.1.2.2 模糊系统理论

模糊逻辑是一种更贴近现实的思维类型和表达方式，模糊系统正是基于这种逻辑。模糊逻辑之所以更靠近真实情况是因为其通过一系列规则和方法来科学处理现实中的模棱两可与不确定性问题。特别是在进行一些传统定量方法不易解决或问题数据缺乏的不确定性分析时，该方法更具优势。

以知识和规则为支撑的模糊系统，其本质是由 IF-THEN 规则构成的数据库。所谓 IF-THEN 规则就是用隶属度函数来描述某种现实问题情况的语句，而对一组或者系列语句的组合便构成了模糊系统。一般而言，在信号处理、通信及自动化控制领域使用的模糊方法和理论都属于模糊系统的范畴。值得一提的是，在进行信号处理和自动化控制问题处理时，使用的模糊方法和理论更突显出了模糊系统。

（1）模糊集合。

传统的集合理论是针对相关的集合元素按照"非此即彼"的确定规则进行严格的区分，其优点在于划分的界限清晰，便于运算和处理。然而在实际生活和生产过程中，往往存在一些无法进行明确区分的元素，难以按照"非此即彼"的标准进行区分，或者样本数量缺乏，但是又涉及重大安全问题的情况，此时便需要一种能够描述不确定现象的方法和理论来进行处理，模糊集合便是运用元素在某种程度上隶属于某个标准来进行展开的。其中，隶属程度可表示为隶属度函数，取值范围介于 0 和 1 之间。目前，比较常用的隶属度函数的数学表达为三角隶属函数：

$$\mu(x) = \begin{cases} 1 - \dfrac{|x-m|}{\sigma}, & |x-m| < \sigma \\ 0 \end{cases} \tag{2.1}$$

这里，m 与 σ 分别代表三角隶属函数的中点和宽度，如图 2.4 所示。

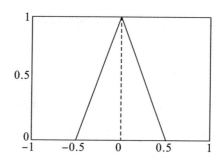

图 2.4　三角隶属函数

（2）模糊规则。

模糊 IF-THEN 规则将专家知识表述成模糊语义变量，使模糊系统具有显著优势。由一组 IF-THEN 规则组成的知识库是模糊系统的核心。常见的模糊规则有纯粹的模糊模型与 TSK（Takagi-Sugeno-Kang）模型。

①模糊 IF-THEN 规则。

模糊 IF-THEN 规则采用"IF X THEN Y"语言描述，具有句式简单的特点，常用于解决不确定条件下的推理问题，尤其方便解决不确定条件下的决策问题。

由系列模糊 IF-THEN 规则组成的知识库是模糊逻辑系统的核心。该知识库使专家语义得到量化，方便系统进行运算。就模糊 IF-THEN 规则而言，其输入与输出均为模糊集，例如：

$$R^i： \text{IF } x \text{ is } A_i \text{ THEN } y \text{ is } B_i，i=1，\cdots，n \qquad (2.2)$$

其中，x，y 是语义变量，A_i 和 B_i 都模糊语言表达，并且 A_i 和 B_i 分别为语义变量的输入和输出，指第 i 个规则。因此，每个模糊 IF-THEN 规则都存在一个模糊集合。

②TSK（Takagi-Sugeno-Kang）模型。

模糊系统的 TSK 模型包含了一系列的模糊 IF-THEN 规则，形式如下所示：

$$R^i： \text{IF } x_i \text{ is } A_{i1} \text{ and } x_p \text{ is } A_{ip}，\text{THEN } y_i = b_{i0} + b_{i1} + b_{i1}x_1 + \cdots + b_{ip}x_p \quad (2.3)$$

其中，$i=1，\cdots，M$。$A_{ij}(j=1，\cdots，p)$ 是先行模糊集，y_i 是第 i 个规则的输出值，$b_{il}(l=1，\cdots，p)$ 是相应的参数。该模型的整体输出结果如下：

$$y^* = \frac{\sum_{i=1}^{M} \tau_i y_i}{\sum_i^{M} \tau_i} \qquad (2.4)$$

这里 τ_i 是 R_i 的映射强度，定义为：

$$\tau_i = A_{i1}(x_1) \times \cdots \times A_{ip}(x_p) \qquad (2.5)$$

每一条规则都有一个如公式（2.3）的形式，其中 $A_{ij}(x_j)$ 是用三角隶属函数表述的模糊集合：

$$\mu A_{ij}(x_j) = \exp\left\{ -\frac{1}{2}\left(\frac{x_j - mA_{ij}}{\sigma A_{ij}}\right)^2 \right\} \qquad (2.6)$$

其中，mA_{ij} 和 σA_{ij} 分别表示第 i 条规则的第 j 个隶属度函数的中心和宽度。$j=1，\cdots，p$。$i=1，\cdots，M$。

（3）模糊推理。

由于模糊推理在解决模糊现象类型的复杂推理问题中表现突出，而模糊现象普遍存在，所以模糊推理也得到广泛应用。如图 2.5 所示，模糊推理系统主要由模糊化、模糊规则库、模糊推理方法及去模糊化及部分组成[18]。

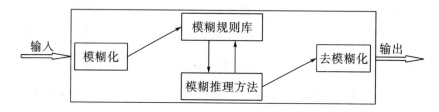

图 2.5　模糊推理系统

为满足实际工作需要，模糊系统的输入和输出必须是精确值。模糊系统推理过程如图 2.6 所示。

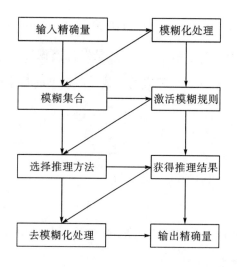

图 2.6　模糊推理系统工作机理

2.2　技术方法

基于集成系统健康管理框架的航天器推进系统的效能评估、可靠性评估及寿命预测的展开需要根据不同子系统的结构特征和失效机理来选择不同的方法。本节对网络分析法、支持向量机和遗传算法等主要的评估与预测方法进行简要介绍。

2.2.1 网络分析

网络分析法（Analytic Network Process，ANP）是应用最广泛的多准则决策技术之一，最早由 Saaty[190] 提出。它是层次分析法（Analytic Hierarchy Process，AHP）的延伸和扩展。AHP 广泛应用在多个领域，如性能评估[141,143]、环境影响评估[138]、工作选择[142]、维护策略选择[236]、智力资本管理[73]和银行账户选择[128]。最近，出现了大量研究 ANP 的文章，包括物流服务供应商的选择报告[202]、识别核心技术[131]、测试部门的竞争能力和性能水平[149]、航天工业的 SWOT 分析[95]、研发项目评估[136]、对于温泉旅馆绩效评估[81]、绿色供应链评估[70]、非传统的加工工艺的选择[97]、绿色供应商的发展项目评估[101]、维护性能指标的选择[214]、机床的选择[173]、产品研发[235]等。

2.2.1.1 ANP 的基本步骤

一般来说，在应用 ANP 方法时有四个步骤，如下所示：

①网络模型的构建；

②两两比较和优先级矢量的创建；

③超级矩阵的形成和转化；

④确定最终排名优先。

2.2.1.2 ANP 的计算方法

步骤一，形成网络结构。首先由专家参与确定完整全面的指标，然后找出各一级指标、二级指标及备选方案之间的内在联系，并展示在网络结构中。此外，获得的内在联系包括指标等级之间的内在关联和指标等级内的关联。

步骤二，两两比较矩阵的构建及局部权重的获得。根据在网络结构中的关系，进行两两比较矩阵计算，以获得在网络结构各因素的局部权重值。在该步骤中，将采用以下操作：在分配成对比较矩阵的比较值后，根据公式（2.7），从特征向量计算局部权重值，A、w 和 $\lambda_{\max}$ 在方程中分别对应两两比较矩阵、特征向量和特征值。

$$Aw = \lambda_{\max}\omega \qquad (2.7)$$

$$A = \begin{bmatrix} a_{11} & a_{12} & \cdots & a_{1n} \\ a_{21} & a_{22} & \cdots & a_{2n} \\ \vdots & \vdots & \vdots & \vdots \\ a_{n1} & a_{n2} & \cdots & a_{nn} \end{bmatrix}$$

运用公式（2.8）对矩阵 A 进行计算，在公式中，a_{ij} 表示在成对比较矩阵的成对比较值：

$$A = \begin{bmatrix} a_{ij} \end{bmatrix}_{n \times n} \qquad i = 1,2,\cdots,n \quad j = 1,2,\cdots,n \qquad (2.8)$$

然后得到归一化的两两比较矩阵 B，其中包括由公式（2.9）计算出的 b_{ij} 值。

$$B = \begin{bmatrix} b_{11} & b_{12} & \cdots & b_{1n} \\ b_{21} & b_{22} & \cdots & b_{2n} \\ \vdots & \vdots & \vdots & \vdots \\ b_{n1} & b_{n2} & \cdots & b_{nn} \end{bmatrix}$$

$$b_{ij} = \frac{a_{ij}}{\sum_{i=1}^{n} a_{ij}} \qquad i = 1,2,\cdots,n \quad j = 1,2,\cdots,n \qquad (2.9)$$

通过公式（2.10）的计算可以得出特征值 w_i，从而得出特征向量 w。

$$W = \begin{bmatrix} w_1 \\ w_2 \\ \vdots \\ w_n \end{bmatrix}, \quad w_i = \frac{\sum_{i=1}^{n} b_{ij}}{n} \quad i = 1,2,\cdots,n \qquad (2.10)$$

接下来，通过公式（2.11）得到 $\lambda_{\max}$ 的值，然后通过公式（2.12）和（2.13）对方程的一致性进行检验。

$$W' = \begin{bmatrix} w'_1 \\ w'_2 \\ \vdots \\ w'_n \end{bmatrix}, \quad \lambda_{\max} = \frac{1}{n}\left(\frac{w'_1}{w_1} + \frac{w'_2}{w_2} + \cdots + \frac{w'_n}{w_n}\right) \qquad (2.11)$$

$$CI = \frac{\lambda_{\max} - n}{n - 1} \qquad (2.12)$$

$$CR = \frac{CI}{RI} \qquad (2.13)$$

步骤三，将未加权的和加权的值形成限制超级矩阵，以获得最终的权重值。

通过定位方便本列的局部权重，以获得超级矩阵。一般情况下，超级矩阵一列的值应该大于 1。群集通过不断的加权和归一化处理，直到得到超级矩阵，每列值为 1。这种新得到的超级矩阵通常被称作超级加权矩阵[202,233]。

如果 k 是一个较大的随机数，那么将超级矩阵的系数增加为 $2k+1$，成为近似限制，是重要性权重。同时称新的矩阵为限制超级矩阵，对超级矩阵中的每一列进行正常化处理，得到指标的全局权重。

2.2.2 支持向量

自 1998 年 Vapnik 完整提出运用 SVM（support vector machine）方法的概念[215]，诸多学者关注支持向量机方法，不断对其进行改进[193,196,198,208]并将其广泛地运用到解决各个领域的实际问题中，如手写数字辨识[192,231,232]、面目特征辨识[133-135,179,180]以及文本分类等模式识别方面[72,91,115,168]。此外，SVM 在处理实际预测问题时也表现出较好的预测能力[65,66,80,114,121,132,145,212]。部分文献对非线性 SVM 中的核问题进行了详细的研究[194-195,197,201,208]。

这里就常用的 ε-SVM 方法进行重点介绍。给定一组数据点 $\{x_1, y_1,$ $\cdots, x_i y_i\}$，假设 $x_i \in R$ 是一个输入集，$y_i \in R$ 是一个目标输出集，那么标准的支持向量回归方程为：

$$\min_{\omega, b, \xi \xi^*} \frac{\omega^T \omega}{2} + c \sum_{i=1}^{n} \xi_i + c \sum_{i=1}^{n} \xi^*$$

$$\text{S.t: } \omega^T \phi \ (x_i) \ + b - y_i \leq \varepsilon + \xi_i \qquad (2.14)$$

$$\omega^T \phi \ (x_i) \ + b - y_i \leq \varepsilon + \xi^*$$

其中 ξ_i，$\xi^* \geq 0$，$i = 1, 2, \cdots, n$。

为了解决上述问题，这里对拉格朗日函数的概念进行介绍，并根据对偶和鞍点条件，我们可以得到双重形式：

$$\min_{\sigma, \sigma^*} \frac{1}{2} (\sigma - \sigma^*)^2 Q (\sigma - \sigma^*) + \varepsilon \sum_{i=1}^{n} \ (\sigma_i + \sigma_i^*) + \sum_{i=1}^{n} y_i (\sigma_i - \sigma_i^*) \quad (2.15)$$

$$\text{S.t: } \sum_{i=1}^{n} \ (\sigma_i + \sigma_i^*) = 0, \ 0 \leq \sigma_i, \ \sigma_i^* \leq 0, \ i = 1, \ 2, \ \cdots, \ n$$

$$\omega = \sum_{i=1}^{n} \ (\sigma_i + \sigma_i^*) \qquad (2.)$$

这里，$Q_{ij} = k(x_i, x_j) = \phi(x_i)^T \phi(x_j)$，其中 $k(x_i, x_j)$ 为核函数，只要一个函数满足默瑟要求，就可以被用来作为核函数。主要的核函数有以下几种：

① 内积核函数 $k(x, x_i) = x^T x_i$；

② 多项式核函数 $k(x, x_i) = (\gamma x^T x_i + \gamma)^p$；

③ 径向基核函数 $k(x, x_i) = \exp(-\gamma \| x - x_i \|^2)$；

④ 多层感知机核函数 $k(x, x_i) = \tanh(\gamma x^T x_i + \gamma)$。

通过上述分析，可以得到最优的分类方程

$$f(x) = \sum_{i=1}^{n} \ (\sigma_i^* - \sigma_i) k(x_i, x) + b \qquad (2.17)$$

2.2.3　遗传算法

对于复杂系统诊断的求解，也有不少学者使用遗传算法（Genetic Algorithm，GA）。20 世纪 70 年代中期，美国著名教授 Holland 提出随机化搜索方法，即遗传算法[90,116]。其寻优的过程，采用概率方法，不需要任何确定的寻优准则，能自动适应和调整优化的搜索方向[50,59]，并且广泛地用于智能模拟[49,103,144]、无线电信号处理等领域[76,187,237]。

遗传算法针对模拟生物进化的全过程，抽象染色体间复制、交叉以及变异等过程和生物自然选择现象，开始于一个初始种群，通过概率的方法，进行选择、交叉和变异等操作，产生更具适应能力的新个体。整个种群进化过程向更能适应环境的种群空间搜索，随着种群多代的进化繁衍，最终收敛于最优的个体。该个体通过解码，得到相关问题的最优解[52,55,75,79,98,163]。

通过遗传学与计算科学之间理论与实践的互相交叉，创造出遗传算法，因此遗传算法采用了一些自然遗传学中的术语，具体见图 2.7。

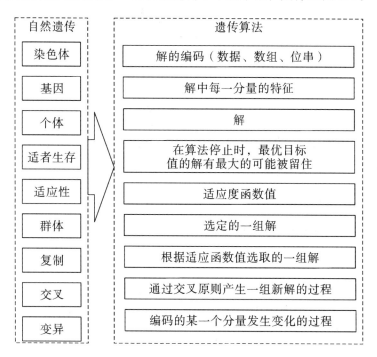

图 2.7　遗传算法与自然遗传学的术语对比

一般遗传算法的步骤如图 2.8 所示，具体包括以下几个步骤。

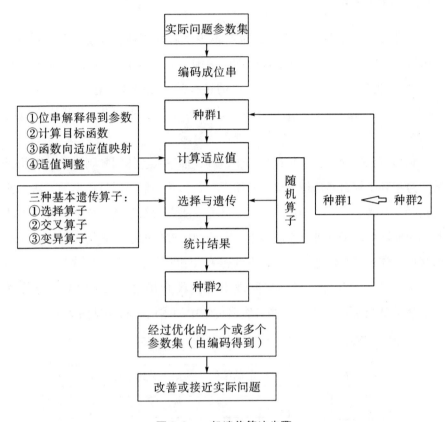

图 2.8　一般遗传算法步骤

① 编码。运用遗传空间的基因型串结构数据编码处于解空间的解数据。常用的编码方式有二进制编码、实数编码、字母或整数排列编码以及一般数据结构编码。

② 产生初始种群。运用概率方法得到基因型串结构数据，其中单个数据为初始个体，数据组为初始种群。

③ 适应度值评价。运用适应度函数评测出每个个体适应环境的能力。

④ 选择。对种群使用选择算子。选择的基本功能是通过一定方式，从当前种群选择优质的个体。常用的选择算子方式有轮盘赌选择、选择、稳态复制、竞争选择、比例与排序变换等。

⑤ 交叉。对种群使用交叉算子。交叉的基本功能是通过种群中个体染色体的互换，产生了组合父辈特征的新个体。

⑥ 变异。对种群使用变异算子。变异是通过染色体上基因位置的变换而得到新的染色体，以防止整个进化过程的提早收敛。

常选择的变异方式包括非均匀变异、高斯变异和有向变异。

2.3　本章小结

本章结合航天器推进系统安全评估和预测需要，介绍了研究所需要的各种基础理论内容。其中，综合集成方法介绍了其方法的内涵，以及运用综合集成方法解决复杂问题时的一般步骤，同时就常用的几种评估与预测方法集成方式进行阐述；模糊系统理论主要介绍了模糊集合、模糊规则及模糊推理等内容，旨在处理在健康管理过程中出现的不确定信息，以提高数据的精确性和科学性。

健康管理技术方法主要介绍了网络层次分析法、支持向量机预测方法及遗传算法等。该部分对相关理论和方法进行了归纳总结，为后续研究奠定了基础。

3 航天器推进系统

伴随技术的进步，以及航天器自身结构和其任务难度逐渐增加，对航天器的安全要求也更高。系统安全性是指系统处于可预测的、可接受的最小事故损失下正常工作的特性[2]。针对载人航天而言，系统安全包括两个方面的内容：一方面是航天器完成任务的有效性。另一方面是救生系统工作的有效性。换言之，载人航天的系统安全可以具体分为两种安全问题，即航天器的任务安全问题和不同使用环境下、不同训练水平和飞行阶段时人员的安全问题。

航天器系统是由诸多子系统、零部件构成的有机统一体，各子系统的功能不相同但是又相互联系，任何一个子系统的安全与航天器系统安全息息相关。如果某个子系统出现故障，则会影响其他子系统的信号获取并导致数据异常，从而导致更大范围甚至整个系统的安全降低，威胁航天任务和航天器及人员的安全。换言之，正是由于航天任务的独特性和挑战性，不允许在航天器飞行过程中对每个子系统、部件进行监测，否则将耗费大量时间和成本，延误故障的最佳处理时段，导致故障升级甚至影响航天器综合安全。如何能够在航天器复杂系统结构中把握影响系统安全的关键系统，快速过滤出有效的故障信息，做出科学合理的处理决策支持，进而提高航天器系统健康管理的时效性和可操作性，成为目前众多专家学者关注的重点。因此，本书的后续部分拟从航天器推进系统进行研究，具体包括电子系统效能评估、软件系统可靠性评估及发动机系统剩余寿命等内容。

3.1 航天器系统构成

航天器综合系统健康管理对提高系统可靠性和安全性，保证航天任务的顺利达成[31]具有重要意义。在进行综合系统健康管理之前，我们需要熟悉航天器的系统构成及各系统的功能和故障机理，以下部分首先介绍了航天器系统结构和功能特点，对航天器推进系统的基础理论知识进行梳理和介绍，进而研究了航天器推进系统综合系统健康管理的构成，分析了推进系统电子系统效能、软件系统可靠性及发动机系统故障等问题。

3.1.1 整体系统

航天器系统的构造特征、组成部分及子系统对整体系统的安全影响是进行航天器综合健康管理的基础，也是保证航天器任务安全、人员和财产安全的根本。本节就航天器的系统构成及安全关键系统的基本概念、具体内容和特征进行介绍。

通常，航天器系统是由诸多功能不同但相互关联的分系统构成[5]，如图 3.1 所示。主要分系统有推进系统、轨道控制系统、电源系统、测控系统无线电系统、数据管理系统等。尽管航天器种类多样，且系统的结构和用途有所差异，但是其系统的基本构成具有相通性。

由图 3.1 可以看出，航天器的分系统数量多，任务和内容各不相同。各分系统既是相互独立存在的完整系统，又是航天器大系统的一部分。构成航天器的各个子系统是对各个领域技术与方法的融合，体现出其整体系统的庞大规模及多样功能。另外，其运行的环境极其复杂，充满各种不确定因素，缺乏足够的资源和时间来完成像其他系统一样的综合健康管理。此外，由于航天器造价昂贵，航天任务在时空及技术方面的挑战性，对其

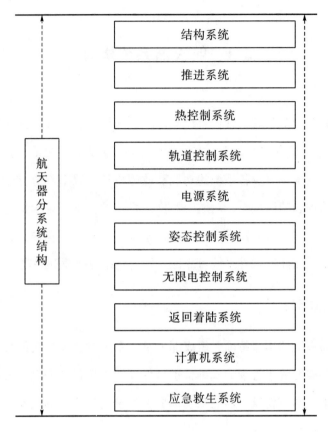

图 3.1　航天器分系统结构

安全性要求较高。针对以上情况，已采用了先进的传感器进行检测，但因其工作环境复杂多变，充满不确定性因素，极可能导致传感器发生功能故障或其他异常，致使其搜集和发送的数据信息失真，数据获取难度增大。从航天安全的角度分析，各个子系统自身的安全影响着航天器整体系统的运行状况，因此针对航天器推进系统子系统的综合安全评估和诊断的要求十分迫切。

3.1.2　推进系统

航天技术的发展和航天任务难度的增加对航天器在工作时间和性能稳

定等方面提出了新的要求。航天器推进系统主要用于姿态稳定、指向控制、姿态捕获与机动、轨道捕获与保持、轨道机动和修正、导航定位等，还可利用反作用力为航天器姿态、位置与轨道控制提供动力[28]，如图 3.2 所示。由于航天器推进系统在航天器运行过程中的关键作用及其对航天器安全的特殊意义，本节就航天器推进系统的基本概念、特征及内涵进行阐述。

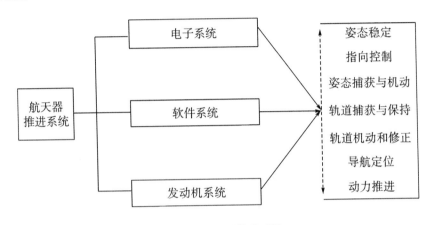

图 3.2　航天器推进系统

航天器推进系统是通过电子系统和软件系统对整体系统中的发动机系统进行操控、协调，使得所有的部分如一个有机统一体般顺畅地运行。由于航天器推进系统面临的运行环境异常严峻，需要最先进的技术和设备才能够应对，成本和费用也相应地增加，加上其维修的时效性和准确性要求较高，一旦发生异常和失效，将造成惨重的损失，因此要保证航天器推进系统具有很高的安全性。

航天器推进系统中的电子系统、软件系统和发动机系统是飞行轨道推进和姿态控制所需的整套设备和软件的总称，主要的功能包括航天器姿态稳定、指向控制、姿态捕获与机动、轨道捕获与保持、轨道机动和修正、航天器的导航定位以及利用反作用力为航天器姿态、位置与轨道控制提供动力。由于航天器推进系统的关键功能以及具有高真空、微重力、热环境变化复杂特征的运行环境，因此对推进系统的健康状态要求较高。

3.1.3 关键系统

安全关键系统指系统发生故障或异常之后导致其功能丧失，从而造成的人员伤亡、财产损失或者严重破坏生态的系统[2,8,17,23]。在确定某系统是否为关键系统时，可以参照图 3.3。

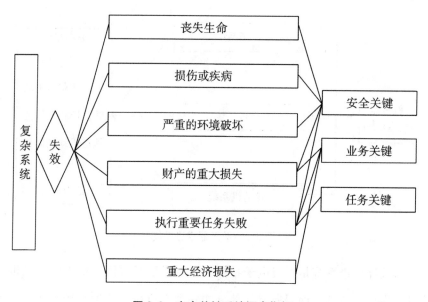

图 3.3 安全关键系统概念指标

一般认为，将前面五项归纳为安全关键，第五项可精确描述为任务关键，而第四到第六项又可称为业务关键。然而，在实际操作中，对上述几项指标的边界划分比较模糊，因为某些指标之间存在某种内在的联系，比如人员伤亡与严重的经济损失之间存在直接或间接关系[8,171]。

在确定了安全关键系统的选择标准之后，对其所应用的主要领域进行归纳，如表 3.1 所示。

表 3.1　　　　　　　　　安全关键系统典型应用领域及内容

领域	具体内容
军事	武器系统、作战保障系统、空间开发项目等
工业	生产过程控制、机器人控制
通信	突发事件应急系统、电话系统的紧急呼叫业务等
医疗	放射性治疗仪、医用监视系统、医用机器人等

通过对航天整体系统的分析发现，其系统结构具有高度复杂性，运行环境异常复杂[20]。众多子系统和零部件需要有机协调和控制才能实现各自功能的叠加和有机协作。如果不能实现良好的控制协调，子系统功能可能出现异常，甚至影响航天器系统的正常运行，无法保证航天任务的完成，导致损失惨重。航天器所处的运行环境是高真空、微重力的空间，不允许对其进行全方位的实时检修，因此在进行健康管理时需要对安全关键系统进行重点的状态监测、效能评估、可靠性评估及故障诊断[6,35]。

在航天器整体系统中，包括电子系统、软件系统和发动机系统的推进系统起着至关重要的作用。它们通过电子系统和软件系统在为航天器提供所需动力的同时还负责航天器的姿态调整等任务，以保证航天器功能的实现和任务的达成。一旦推进系统出现故障或功能失效，将导致航天器整体系统安全受到严重威胁，造成航天任务的失败及航天人员的生命丧失。因此，对于航天器推进系统这类安全关键系统而言，高效的系统综合健康管理非常迫切[8,171]。本节基于综合系统健康管理的理念，对航天器安全至关重要的推进系统进行分析和阐述，介绍其基本的结构特征、失效及故障机理等内容。

3.2　电子系统

作为航天器推进系统的一部分的电子系统先后经历了以下几个结构阶段：分布式模拟结构、分布式数字结构、联合式数字结构，以及现在普遍采用的模块化综合集成结构。最初，航天器推进系统使用功能与结构都比较简单的模拟信号的分布式模拟结构，通过有无线电罗盘、机载电台、简单的自动驾驶仪等设施来满足比较简单的通信需求。分布式的数字结构在第二次世界大战之后，得益于各国对航天工业的重视，得到了广泛应用，促进了航电技术的发展。它采用了数字信号处理、自主导航等技术，运用了包括光电雷达、电子显示仪器等在内的技术成果。随着计算机技术的不断突破，自20世纪70年代起，电子系统开始采用联合式数字结构，具体是通过将诸多可替换数据单元一并接入数据总线的方式，大大提高了电子系统的任务处理水平。伴随大规模集成电路等技术的突破和成熟，到20世纪90年代，电子系统也逐渐出现模块化与综合化的结构模式。另外，由于功能的逐渐完善，电子系统及其子系统的互联结构也逐渐丰富，可更换模块与综合化技术的出现真正使电子系统形成了模块化综合集成的系统结构，如图3.4所示。

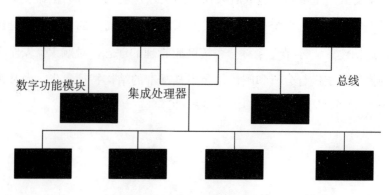

图3.4　模块化系统结构图

　　模块化电子系统灵活的系统组成构架极大地简化了整个系统的结构，使其具备了易更换性、可升级性和可扩展性，适应了不同的任务需求。与此同时，电子系统在设计与系统集成方面产生了重大变革，也对系统及功能模块的可靠性和健康管理等工作提出了更高的要求。

　　从图3.5中可以看出，电子系统主要包括四个方面的子系统，分别是：通信子系统（COMS），制导、导航与控制（GN&C）子系统，控制（指挥）与数据处理（C&DH）子系统，以及航天器管理（VMS）子系统[229]。其中，通信子系统就像是一部航天器的耳朵和喉舌，它利用所属的功能模块，接收来自地面控制中心（GCC）的指令，并将科学和状态数据传输给地面控制中心。制导、导航与控制子系统好比是一部航天器的眼睛和四

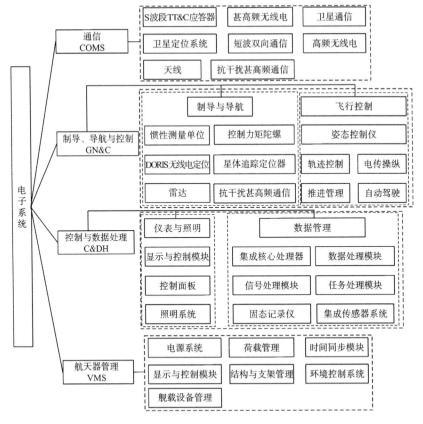

图 3.5　电子系统主要功能及模块图

肢，它利用所属的功能模块，确定航天器的位置、速率、姿态，并进行航天器的变轨控制。控制（指挥）与数据处理子系统是一部航天器的大脑，它利用所属的功能模块，控制通信子系统发送的命令，引导传达至其相应的接收端，同时它也控制集成核芯处理器进行数据处理，以及固态记录器进行数据存储。航天器管理子系统好比是一部航天器的身体和免疫系统，它利用所属的功能模块，进行航天器及其机载设备的监控与配置管理。电子系统所有的子系统及其功能模块均通过航电总线接口装置接入总线并连接在一起。

3.2.1 概念描述

就目前而言，虽然电子系统在模块集成技术方面已经比较成熟，但是由于其系统本身的规模和运行环境等因素，其依然体现出明显的复杂性。具体体现在以下四个方面：

3.2.1.1 系统组成的复杂性

电子系统由多个相互作用而结构与功能各异的机电一体化的子系统构成，且各子系统又是由众多机电一体化的次级子系统与功能模块组成。整个推进系统电子系统的组成是纷繁复杂的。对构成电子系统各个子系统、子系统中的功能模块进行分析，综合考量各功能模块的可靠性、故障率、使用寿命分布等属性，简化出能反映系统运作状态的主要子系统及功能模块，也是进行综合系统健康管理的重要基础工作。

3.2.1.2 系统结构的复杂性

（1）航天器推进系统电子系统呈现递阶式结构，各个子系统在处理信息与实现功能时具有一定的并行性。

（2）各个子系统的系统信息之间有强弱不一的相关性，因而在推进系统电子综合系统健康管理的研究中，通常根据系统信息的相关性将系统近似分解，以减少研究的复杂性。

（3）组成航天推进系统电子系统的各个子系统是由不同种类的功能模块构成。子系统内某个功能模块发生故障可能会导致同个子系统内其他功能模块出现故障。同时，某个子系统发生的故障很可能是由其他与其相关联的子系统或其功能模块发生的故障所引发。

所以，对航天器推进系统的电子系统及其子系统进行结构与运作机理的分析非常重要。此外，在研究系统的故障分布时，合理充分地考量功能模块的故障相关性，也是制订正确的维护方案的重点。

3.2.1.3 系统状态的复杂性

在航天器推进系统电子系统的各个子系统及其功能模块中，每一个个体均可能有多个运作状态。系统的运作过程以及信息交互能够直接影响系统的组成与运作状态。同时，在航天任务随运作环境改变的过程中，电子系统的运作状态也会有所变化。若不考量实际工程应用中系统运行状态随环境变化的规律性，仅依靠经验性的测试和既有的指标，随之而来的系统健康管理决策也将产生偏差。

基于综合系统健康管理的电子系统的状态监测、评估与故障诊断技术的实施，为预测系统的剩余使用寿命提供了技术上的支持。在电子系统运行过程中实施的实时监测数据能够体现出系统在特定条件和时刻的健康状态。基于健康状态的情况，进一步采取相应的措施，通过故障诊断来揭示健康状态的具体水平，对故障进行定位，并结合健康状态和故障诊断数据构建相应的健康管理的数学模型，以对数据进行有效处理，从而为科学合理的决策提供支撑。

3.2.1.4 系统故障的复杂性

复杂性是电子系统故障的最基本的特征。航天器推进系统的电子系统的故障与故障特征往往表现出不一致甚至错乱的情况。这主要是因为电子系统功能模块繁多，且各个模块之间既是完整独立的个体，又存在相互联系、密不可分的关系。比如，一种故障会出现多种故障特征，也存在一种故障特征对应多种故障。航天器电子系统的故障特征繁杂的主要缘由是其故障的复杂。

某种故障可能对应多个故障症状，某个故障症状也可能对应多种故障。这意味着故障与故障症状之间存在线性的联系，增加了电子系统的故障诊断难度和复杂性。故障本身的复杂性致使航天器电子系统的故障症状复杂。电子系统的故障复杂性，使得其故障症状也表现出复杂性与多样性。一旦故障特征参数超出容差范围即判定为异常，进而实施故障诊断。因此，故障诊断也因为异常状态的持续不断变得复杂，主要包括以下几个方面：

（1）系统特征与模块参数之间呈非线性关系。故障诊断过程中的算法程序通常为非线性，但是模块本身是线性的。

（2）原位监测点有限。系统结构的逐渐复杂和规模的增大，使得其原本就不足的原位监测点更加缺乏，从而导致故障诊断算法的方程数少于求解的未知数。

（3）诊断方法针对容差的稳健性。基于模块及部件设计的故障诊断标准值，如果实际观测值并不符合设计标准值，但是仍然处在容差范围之内，此时，将根据故障诊断方法的稳健程度来判定是否为故障。

3.2.2　效能阐释

在通常情况下，效能是指系统完成指定任务的能力。它是一个内涵、外延都极为丰富、运用范围也十分广泛的概念。具体而言，也可以将效能理解为一个系统满足一组特定任务要求程度的能力；换而言之，效能是系统在规定的环境、时间、人员及方法要素情况下，能够达到规定目的的程度。在不同的应用场景，效能的具体使用也不尽相同，大致可以分为以下几种效能类型：

（1）单项效能。它是指使用某一具体的设备实现某一具体的指定唯一目标的能力，如航天器电子系统的导航效能、定位效能、控制效能、通信效能等。

（2）系统效能。它是指在特定的条件下，设备系统能够实现一系列特定任务的能力。这里是针对航天器电子系统的综合评估，又叫综合效能。

综上所述，结合航天器推进系统电子系统的概念和特征，可以确定航天器系统的效能属于系统效能的范畴，对其进行效能评估可以及时了解其系统的健康状态及系统功能的完善情况，为综合健康管理的决策者提供决策支持，以保证航天器整体系统的安全运行和航天任务的顺利达成。

3.3 软件系统

航天器推进系统软件系统通常是非常复杂的[37]，因为越来越多的系统功能需要通过软件系统来进行调动和协调以实现协同工作，如图 3.6 所示的。航天器推进系统的软件系统的可靠性由星际功能和地面站功能共同决定。星际功能包括导航计算、故障监控、指挥处理、航天器子系统的管理、综合管理和通信有效载荷。地面站功能一般包括数据处理、数据压缩和存储、宇宙飞船遥测遥控、用户界面、运行状态的监测和维护。星际和地面系统要求高可靠性，尤其是星际软件。它通常是一个嵌入式实时系统。这种复杂性也导致软件开发成本的显著提高。

航天器推进系统的软件系统的关键的功能和复杂的操作环境，使得其可靠性与航天任务的实现直接相关，软件系统可靠性是维持航天器整体系统可靠性的一个关键指标[1,22]。虽然航天器推进系统的软件系统的可靠性越来越被关注，但是由航天器推进系统的软件系统造成的航天灾难仍时有发生。1963 年，美国金星探测计划失败的原因是美国宇航推进系统的FORTRAN 语言程序缺少一个逗号，导致软件系统发出错误命令。1996 年，

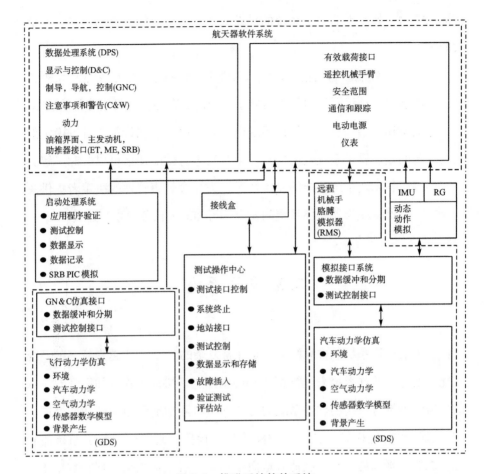

图 3.6 推进系统软件系统

欧洲航天局的火箭发射后 40 秒爆炸，罪魁祸首是其开发的阿丽亚娜 501 软件故障。1999 年，NASA 的火星极地着陆器因软件故障导致着陆发动机过早关闭而损毁。在航天器推进系统中，一个小的软件错误可能会导致整个任务的失败，造成巨大损失。为了处理安全以及维护载人航天器，特别是航天器推进系统的软件系统的可靠性，需要引入全生命周期的综合系统健康管理[112]。

3.3.1　失效特征

由于航天器推进系统软件系统的内在结构高度复杂，任务环境多样且不确定，因此对其可靠性的研究难度也就相应增大。在进行航天器推进系统的软件系统的可靠性预测之前，首先对软件的失效机理进行介绍。

不同运行环境和复杂程度的软件的失效机理各不相同，具体可以分为失效过程比较简单的软件以及失效过程比较复杂的软件。前者的失效数据的搜集难度相对较小；而后者的失效数据的搜集难度相对较大。具体的失效机理有以下几种：

（1）人为错误。人为错误是指在开发过程中由于人为原因造成软件存在不易更改的误差或不可更正的瑕疵，导致软件系统整体出现漏洞。开发过程中应尽量减少人为错误，一般情况下能够通过反复核查进行纠正，然而在特殊情况下，由于软件结构较复杂，人为错误就会被忽略而存在于软件。

（2）软件缺陷。软件缺陷是指在特定运行环境下，软件因固有缺点被制约或者超过某种阈值而使软件出现故障的情况，其主要是由人为错误导致的。软件缺陷本身是静态的存在于软件中，当软件运行环境触发这种缺陷，便引起软件故障的发生。

（3）软件故障。软件故障是指软件没有按照预先编辑的程序执行命令致使整个系统出现超出预料的非正常状态。当软件接收到某种命令，但其程序代码中存在多或者少的语言，便会出现软件故障，导致软件失效。而且故障状态随着环境变化而变化，其直接原因是上述的软件缺陷。

（4）软件失效。软件失效是指软件无法按照界面命令执行相应行为，发生明显偏差的状态。该状态相对于软件故障是更加恶化的状态。软件故障是软件失效的必要条件。软件故障可能会导致软件失效，也可能不会，但是软件失效必定是因软件故障而发生的。软件失效的表现和后果主要为：系统失去控制、决策者无法通过命令实现整体或部分功能。

3.3.2　软件可靠

航天器推进系统的软件系统是由众多命令程序和子系统构成的复杂系统，其可靠性除了受到设计生产阶段的因素影响外，还受到其复杂运行环境的影响。航天器推进系统的软件系统的高度的结构复杂性和不确定的运行环境在故障因子和故障机理方面充分体现出来。高度复杂的系统特征使得航天软件可靠性的研究需要多种学科知识的支撑，对于集成手段的要求也较高。因此，面对这些要求，关于航天器推进系统的软件系统的可靠性研究显得更为迫切、更有挑战。构架完整的可靠性评估框架，提高软件的可靠性对于航天器系统健康管理工作意义重大。软件系统可靠性评估与预测是航天器整体系统健康管理框架的重要一环。面对复杂的内外环境，软件系统应合理地进行失效数据融合，选择科学的可靠性预测方法，得到准确的可靠性数据及相关的变化趋势，为航天器系统健康管理决策者做出科学决策提供有力支持，从而化解运行风险、减少损失。保障航天任务实现是软件可靠性工程的基本目标。

在进行可靠性评估之前，首先对可靠性的评估指标进行介绍。就目前而言，通常用以下几个指标参数来表示软件的可靠性[16,19]：

（1）可靠度。在规定的条件下和时间内实现预定功能的概率是软件的可靠性 R。用概率数值来对软件失效进行表达便是可靠度，其参数通常用于不允许失效的系统。

（2）失效强度、失效率。一般而言，失效率与失效强度会出现在可靠性相关的研究中，两者有着紧密的联系，但概念确有差异。软件在时刻 t 尚未失效，但是过了这个时刻之后发生失效的可能性即为软件的失效率，失效数均值随着时间的变化率是失效强度。

（3）平均故障前时间、平均故障间隔时间。从当前尚未发生故障时刻 t 到下次故障时间的平均值，表示为 MTTF；而存在于两次相邻故障之间的时间间隔平均值是平均故障间隔时间，表示为 MTBF。

就航天器推进系统的软件系统这般复杂的系统而言，有诸多因素可以体现其可靠性。本书选用平均故障间隔时间（MTBF），根据实时监测所得数据，进行分析处理，结合具体数据特征，选取相应预测方法，进而得到能够反映平均故障间隔时间趋势的预测结果。

3.4　发动机系统

航天器推进系统的发动机系统作为主要动力系统，是航天器推进系统的重要组成部分。其主要工作原理是利用反作用力为航天器姿态、位置与轨道控制提供动力。由于发动机系统的工作环境是非常恶劣的，具有高真空、微重力以及热环境变化复杂等特征，甚至可能会遇到空间碎片、陨石和宇宙尘埃等不确定威胁，因此对推进系统的发动机系统自身的系统健康状态要求较高。

作为航天器的心脏，航天器推进系统的发动机系统的状态直接影响航天器的安全性、可靠性和操作性。作为航天器推进系统核心构成部分的航天器发动机系统，其所处的工作环境具有高速、高温、大应力、强振动的特征，因而要求其性能具有极高的稳定性。事实上，由发动机系统发生故障所造成的飞行故障的事件频频发生，而且发动机系统一旦发生故障往往会导致灾难性的事故[10]。对发动机系统的日常维护也是耗资巨大的，其维修更换的成本费用几乎占到整个航天器系统维护费用的一半以上。基于此，对发动机系统实施监测及故障诊断，了解其运作的健康状态的具体水平，对于提高其安全性和经济性具有重要意义[11]。对航天器推进系统的发动机系统进行故障诊断与健康管理可以提供故障预警并估计剩余使用寿命。然而，航天器发动机系统因为无形的和不确定的因素而具有高度复杂性，以至于难以模拟其复杂的降解过程，并且没有单一的预测方法可以有效地解决这一关键和复杂的问题。因此，本节引入融合预测方法，拟通过该方法获得更精确的预测结果。此处建立以故障诊断与健康管理为导向的一体化融合预测为框架，提高了系统的状态预测的准确性。

3.4.1 故障特征

作为航天器推进系统的发动机系统，其结构复杂、运行环境恶劣多变，故在对其进行综合系统健康管理时要熟悉其故障的类型及相关的特征。发动机系统的故障主要有气路故障和震动故障两类，其概念及特征如下：

3.4.1.1 气路故障

气路故障是指构成航天器发动机系统的气路部件包括风扇、进气道、主燃烧室、高压压气机、低压涡轮、高压涡轮以及加力燃烧室和尾喷管等，一旦出现异常和故障将会降低发动机系统的性能。气路故障的主要机理如图 3.7 所示。起源于气路部件的物理故障会改变部件性能，引起发动机系统整理的热力学参数改变，造成其转速、排气温度、部件的进出口压力和压强等超出正常范围，预示系统可能出现故障。

因此，若要对航天器推进系统的发动机系统进行故障诊断，应该通过对发动机的气路故障机理的剖析来掌握其部件的物理故障导致性能变化的具体过程。

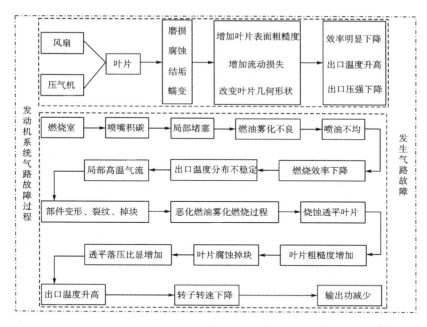

图 3.7 推进系统的发动机系统的气路故障机理

3.4.1.2 振动故障

转子不平衡、不对中、弯曲、碰摩、裂纹等部件异常都是推进系统发动机系统的故障表现。一般情况下，通过对转子震动信号频谱进行分析来获取部件异常信息，从而判定其是否出现故障及故障类型。对于发动机系统来说，不同的转子故障对应的振动信号频谱也不同，具体如图 3.8 所示。

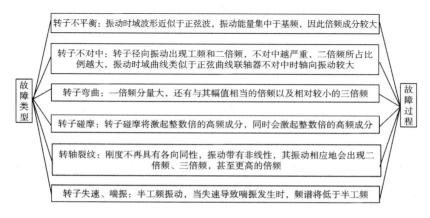

图 3.8 推进系统的发动机系统的振动故障机理

3.4.2 寿命预测

现代航空技术的飞速发展使得航天器系统越来越复杂，同时对质量和可靠性的要求也更高。推进系统的发动机是航天器的心脏，它的安全状态直接影响航天器的安全性、可靠性和操作性。将许多不同类型的传感器安装在发动机上或者发动机内，以监测各种物理参数（如操作温度、油温度、振动、压力等）、发动机系统的运行及与操作相关联的环境情况。如何利用航天器系统的健康状况来检测发动机系统的性能、降低故障率以预测剩余使用寿命（RUL）成为研究的热点。目前，最具操作性的且能够保证发动机系统可靠性、可用性和可维护性的方法就是预测与健康管理（PHM）。

航天器推进系统的发动机系统具有复杂的退化过程，获得可靠的传感器数据和足够的经验数据比构建分析行为模型更容易[100,102]。因此，基于模型的方法并不适合推进系统发动机系统的健康管理。此外，基于经验的和数据驱动的方法各有一些优势和局限性，所以这两个方法都不能解决所有以预测与健康管理为导向的航天器发动机系统剩余使用寿命预测问题。为获得更精确的和合理的结果，融合预测在最近的研究中被引入[229]。已经有许多研究涉及基于模型的和数据驱动的融合预后的方法。Liu 等人开发了一种新颖的数据模型融合预后框架以提高系统预测的准确性[153]。郑提出了一种融合预测方法，它融合数据驱动的故障物理学来预测电子产品的剩余使用寿命[86]。然而，很少有关于融合的数据驱动和经验依据预后的方法，或者用于融合预测航天器推进系统发动机系统剩余使用寿命的方法的研究。

预测与健康管理允许对目标系统在实际应用条件下的系统可靠性进行预测，其目的是最大化目标系统的可利用性和安全性。其高效的预测技术已经成功应用到各种系统，如航空电子设备、工业系统等。近年来，面向预测与健康管理的系统使用寿命预测和间歇性故障诊断手段已经向航天器发动机提供故障警告。预测与健康管理系统作为发动机系统健康管理的核心，其预测目的是确定潜在的风险，为故障风险缓解和管理提供必要的信息。不言而喻，航天器推进系统的发动机系统的剩余寿命预测问题是整个航天器健康管理的关键环节和迫切需要。该研究可以分为三大类：基于模型的预测方法、基于经验的预测方法和数据驱动预测方法。通常情况下，基于模型的预测方法是利用被监控的系统数学模型，但难以对复杂的系统（如飞行器发动机）进行建模。基于经验的预测方法通过知识的经验积累，使用概率或随机模型降解数据，但对于预测发动机动力复杂过程的结果往往不够准确。数据驱动预测方法分析探讨了传感器数据，关注数据组的参数和原始监测传感器数据转化成相关的行为模式。这种方法的缺点是过分依赖于训练数据而无法进行系统方式故障区分。上述的每个方法都具有优点和局限性，因此，选择一个合适的预测方法决定了航天器推进系统的发动机系统的预测与健康管理的有效性。

发动机系统预测与健康管理概念架构包含了两个子系统：飞行中的系统和飞行后的系统。飞行中的系统包括许多类型的传感器（如温度传感器、压力传感器、振动传感器、距离传感器和位置传感器等）和适当的信号调节电路。信号调节电路接收来自条件传感器信号并适当进行进一步处理。然后，通过数据预处理，进行融合数据信息，并从监测传感器获取更有价值的信息。数据信息和特征值都被存储在历史数据库中[217]。飞行后的系统是由健康评估程序、故障诊断过程、预测过程和人机交互界面组成。健康评估程序接收和融合来自历史数据库的数据信息，然后分析发动机系统的健康状态趋势[224]。故障诊断程序的目的是完成发动机的特征检测、故障诊断、故障定位和排序。预测过程分为两个阶段：预估计融合预测和估计后综合预测。预估计融合预测阶段接收来自故障诊断过程的信息，并融合多个独立预测方法获得不同剩余寿命的估算值；而估计后综合预测阶段融合不同的剩余寿命估算值来估计剩余寿命和分析发动机的健康趋势。最后，人机交互界面融合来自预测程序的信息，并进行决策，将信息反馈到电子控制器，来调整推进系统的发动机系统。

3.5 本章小结

首先，本章对航天器的系统结构进行介绍和分析，理清各个子系统的功能和工作原理，同时考虑不同子系统在不同运行环境下的安全要求的差异，结合安全关键系统的概念，突出推进系统对航天器整体安全的影响。其次，围绕航天器推进系统的系统特征及构成，分析其工作的原理及故障的机理，根据其电子系统、软件系统和发动机系统三个子系统的自身特性，分别从电子系统效能、软件系统可靠性和发动机系统故障三个角度进行研究。最后，在此过程中，对电子系统、软件系统和发动机系统的系统构成和结构特征进行分析和梳理，为航天器推进系统的安全评估和故障诊断提供了理论基础。

4　电子系统分层效能评估

作为航天器推进系统重要组成部分的电子系统，因其功能特别、结构复杂，为了确保任务成功，要求它必须是安全的、可靠的。该系统的健康状态以及其子系统的效能状况对其安全性有直接影响。本章在集成系统管理框架下采用集成评价技术评估了航天器推进系统中电子系统设备健康状态及其子系统的效能状况。该部分围绕两个核心问题：一是从集成系统健康管理的角度进行效能评估，目前较少有学者从该角度进行研究；二是对指标交互性的考虑的必要性以保证评价结果的精确。后续研究首先从系统层面对电子系统进行系统级健康状态评估，然后基于健康状态对子系统进行效能评估，从而为科学合理的决策提供支持。推进系统中电子系统分层效能评估是在有机统一体的逻辑框架下，从分层逻辑的角度，逐级对电子系统的安全性进行评价。其分层主要是指对系统层级的状态评估。本章基于系统级的健康状态评估情况，对系统中的子系统进行效能评估，从而得出更精确的效能值，拟为决策者提供更科学、更合理的决策，从而提高系统运行和使命完成的可靠性、安全性。

4.1　问题介绍

空间资源探索发展的未来，取决于拥有可靠性高的先进技术的载人飞船。目前来看，未来载人和无人航天飞船要完成探索国际空间站、月球、火星甚至更深太空的使命，但要面临任务的时间跨度更长，组件的复杂度更高的挑战，都会增加飞船使命失败概率[158]。在不危及目前或者未来的任务安全及目标的情况下，这些可能性应该被消除[188,205]。比如近年来发生的太空安全故事，1986 年的挑战者号航天飞船事故，在飞船刚刚发射之后造成 7 名宇航员遇难；2003 年哥伦比亚航天飞船上的 7 名宇航员在完成 16 天的任务后，从轨道返回家园的过程中丧生[156]。为了应对航天器的安全和维护问题，一种包括实时监测、状态评估、故障诊断和失效预测的集成系统健康管理（ISHM）方法被引进[152]。集成系统健康管理方法是一项针对即将进行的载人探索飞行、载人火箭发射以及航空航天局的其他任务的基本技术[108]。集成系统健康管理方法提高了系统的可靠性，并且通过在元件失效之前识别出故障组件来降低成本。此外，其可以迅速地完成维修活动，从而能够及时地启动系统，使之准备就绪。

航天器推进系统中电子系统是指飞船的每个电子组件的整合，以便每个单元如统一有机体般平稳、流畅操作[62,110,206]。在航天器中，推进系统电子系统是指所有基于电子命令完成其基本功能的元件，如通信、导航、飞行控制（FC）、数据处理（DH）和航天飞行器的设备管理[125]。电子系统设备的健康状况和效能水平直接影响载人航天的安全飞行和任务的成功，准确衡量电子系统的健康状况和评估其子系统的效能水平是非常重要的。由于健康状况和效能水平并非总是同步的，为了避免和预防系统故障，迫切需要引入集成系统健康管理的分层效能评估方法。

4.1.1　背景回顾

近年来，不少研究关注推进系统电子系统的健康管理。Lewis 和 Edwards 采用智能传感器、微机电系统设备和系统健康管理工具对电子系统进行诊断和预测[151]。Wilkinson 在关于电子系统剩余寿命预测的讨论中指出在进行机械化剩余寿命预测时需要考虑两个因素。这种预测计算过程如下：一个机载功能（如中央维护计算机）或环境史可以被下载到基于地面的维修设施进行脱机计算剩余寿命预测[225]。2005 年，Orsagh 提出了运用一个综合方法来切换电子系统的电源，从技术工程学科的角度为实施健康管理提供了支撑[177]。2006 年，Orsagh 梳理了电子系统预测与健康管理技术[178]。2007 年，Banerjee 提出了一种基于判别分析的电子系统的剩余寿命预测[62]。2009 年，王国栋提出了一种新方法——采取来自人体免疫系统和神经系统的交叉灵感，对电子系统进行故障识别和清除[219]。另外，其他一些研究也从现场监测、评估情况、故障诊断和剩余寿命预测的角度关注电子系统的健康管理。然而，很少有学者从综合系统健康管理的角度研究子系统层次的效能评估问题[93,139,160]。尽管一些研究在评估电子系统效能方面取得了进展，但是整个系统层面的健康状况没有被重视。此外，这些研究倾向于选择随机测试目标。但是在该研究中，测试目标是在电子系统级的健康状况评定的基础上进行选择的[77]。因此，在子系统效能评估之前对电子系统进行系统级的健康状态评估是十分必要的，因为不可能假设所有模块级子系统的健康状态都是一样的。基于这个事实，需要用一个能够将多维方式标准、模糊性和不确定性特点考虑进去的综合性方法对电子系统进行效能评估[56,220]。这里提出了一种以集成系统健康管理为导向的分层效能评估模型，采用与定量的可靠性分析方法相结合的集成方法评估电子系统的效能水平[157]，并对影响系统状态的指标进行整体评估，将客观测试和主观判断有效结合。该部分研究首先描述集成系统健康管理的概念框架和航天器推进系统电子系统的模块和功能，之后介绍评估方法和建模过程，接下来给出一个算例来演示模型的应用，随后进行模型的验证并进行讨论和对比分析，最后就结论和建议进行进一步的研究。

4.1.2 系统描述

航天器推进系统电子系统的作用是将推进系统上的电子元件进行整

合，以保证所有组件构成一个流畅的操作单元[110]。目前，电子系统已经设计成将单个功能作为子系统组件的结构。子系统是一种工程术语，是指一组零件的设计和建造，服务于一个特定的功能，如通信功能[229]。在被组装到电子系统之后，这些子系统元件被统一连接和启动[154]。由于任务系统的复杂性和不确定性，为电子系统设计一个集成系统健康管理系统是非常困难的。所需要的是一种新的模块化的和可替代的灵活性电子系统架构，以及能够支持航天飞行器的模块化、可升级性和可扩展性的基础结构[155,189]。虽然仍有无形的和不确定的因素，但这样的架构显著降低了系统的复杂性，加上采用模糊评价，从而使得一个以集成系统健康管理为导向的电子系统的分层效能评估方法成为可能。图 4.1 显示了面向集成系统健康管理电子系统效能评估的概念框架。

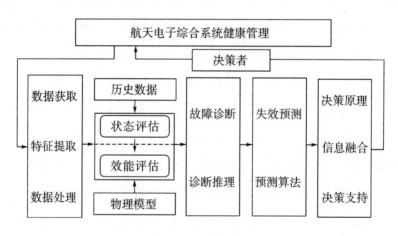

图 4.1　集成系统健康管理概念框架

航天器推进系统电子系统分层效能评估是指对推进系统中电子系统在特定条件下能够完成规定任务目标的程度的评估[125]。基于集成系统健康管理的电子系统的效能评估考虑了综合环境因素，然而效能水平和健康状况并不总是同步显示的，因此在选择子系统进行效能评估测试时要在系统级健康状态评估之上，从而为决策者提供更全面、更合理的决策支持[230]。针对这种情况，可以将问题分为两步来解决。第一步是系统级的健康状态评估；第二步是基于系统级健康状态评估结果，选择出存在问题的关键子系统进行效能水平评估。

在进行集成系统健康管理之前，首先确定航天器推进系统电子系统的功能模块[206]，如表4.1所示。一般来说，电子系统主要包括四大子系统：导航和控制（GN&C）系统、通信系统（COMS）、命令和数据处理（控制和数据处理，C&DH）系统和飞行器管理系统（VMS）[230]。航天器的位置、速度、高度和转移轨道控制护理由导航和控制系统确定。通信系统（COMS）接收来自地面控制中心（GCC）的指令，同时将科学的状态数据发送到地面控制中心。命令和数据控制系统接收来自通信系统的指令并指导它们到最佳的接收位置，同时还控制用于数据处理的核心处理器和用于数据储存的固态记录仪。该飞行器管理系统主要负责对船载设备的监视和重新配置。所有这些功能模块被统一安装到一个电子系统总线，并且与总线接口电缆连接在一起。

表 4.1　　　　　　　　　　　　电子系统功能与模块

功能子系统	相关模块
通信系统	遥测跟踪和指令转发（TT&C）、全球定位系统、天线、高频、常高频（VHF）、短波双向通信、抗干扰常高频、卫星通信
导航和控制系统（GN&C）	惯性测量单元、无线电定位系统、雷达、控制力矩陀螺、星体跟踪器(ST；太阳和地球传感器)
飞控系统	姿态控制系统（ACS）、轨迹控制、制导和导航系统、控制系统、推进管理、自动驾驶仪、地面勘察
控制和数据处理系统（C&DH）	
仪表和照明	显示和控制（D&C）、控制平面管理、照明系统
数据管理	综合核处理器（ICP）、预处理、数据处理、信号处理、任务处理
记录仪、航电系统总线	集成的传感器系统、热控、时间同步管理、结构和桁架
飞行器管理系统（VMS）	电力系统（EPS）、飞行控制计算机、有效载荷、环境控制、板载系统管理

4.1.3 概念框架

在对获得的数据进行预处理以提取传感器参数特征之前，首先要对推进系统电子系统的功能模块实施实时监测，如图 4.2 所示。对于某些状态指标，难以通过精确的数字进行定量描述的，需要通过专家知识和历史经验来描述其定性结果。故障诊断和剩余寿命预测在效能评估之后实施[53]。在以集成系统健康管理为框架的电子系统效能评估的概念框架内，"健康状态"评估监测系统当前的健康状况，"效能"评估预测系统完成任务的能力，"诊断"是对故障进行精确的评估，之后的预测是对剩余使用寿命分布以及偏差或退化水平进行评估。

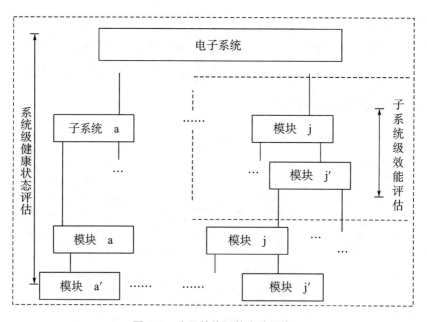

图 4.2　分层效能评估方法概念

效能评估的主要目的是基于电子系统的健康状态，评估主要功能模块完成任务的能力，并且识别它们在任务中对各自的期望，以及用有效的效能评估方法对电子系统的效能水平进行评估。同时，通过给出早期预警和预报及相应的处理方法为接下来的故障诊断和剩余寿命预测提供实施基础。由于电子系统的复杂性，数据采集通常较为困难，且数据并不总是准确的。这意味着一个以集成系统健康管理为导向的效能评估是耗时的、低可信度的[117]。因此，本章介绍一种集成分层效能评价方法来解决该问题。

首先，将有限的数据用于一个完整系统的全面健康评估。其次，对评估结果进行分析和检查。如果评估结果是好的，那么就把信息发送给决策者；否则，根据评估的数据来选中一个子系统，并进行进一步效能评估。最后，将评价结果进行分析并将信息发送给决策者。具体的内容将在下节中进行介绍。

4.2 技术范式

本节对电子系统的构成和结构进行分析，确定指标体系并介绍评估的步骤以及相应的指标处理方法，进而通过评估方法求解。

4.2.1 指标体系

航天器推进系统电子系统分层效能评估是在有机统一的理念指导下，从分层的角度，逐级对电子系统的安全性进行评价。其分层主要是指对系统级的状态评估，即基于系统级的健康状态评估结果，对电子系统中子系统进行效能评估，从而得出更精确的效能值，为决策者提供更科学、更合理的决策，提高系统运行和使命完成的可靠性、安全性[47,84,96]。电子系统分层效能评估是对所有影响系统级健康状态的各项因素的衡量。首先对各种因素进行综合评价，通过无量纲化处理，算出普适性的值，以便进行健康管理整体框架下的可靠性评价和故障诊断[105,118]。对这些因素的评价是从其相应的指标状态角度进行的，而指标状态测试的是系统某个或者一些维度的状态。系统级健康状态是各个指标的状态的综合。众所周知，木桶效应是指一个木桶能够容纳的最大水量取决于其最低的那块木板。同样的道理，系统的安全水平取决于其子系统中状态较差的系统的水平，因此对子系统级效能水平的评估具有强烈的必要性和重要性。进行子系统层级的效能评估时，基于系统级状态评估的结果，对其结果进行分析，找出其中状态水平较差，但是其功能和角色又较重要的子系统进一步做出效能评估。针对效能水平问题，同样要对影响子系统效能水平的所有因素进行检测，结合相应的指标进行度量，即所得到的指标效能值要能反映子系统某一或者某些维度的效能水平。该过程要把这些影响因素之间的相互关联考虑进去，从而得到更加贴近复杂现实环境的效能值。

4.1.3.1 评估步骤

电子系统分层效能评估的逻辑起点就是研究目标，具体的评估步骤如图 4.3 所示。

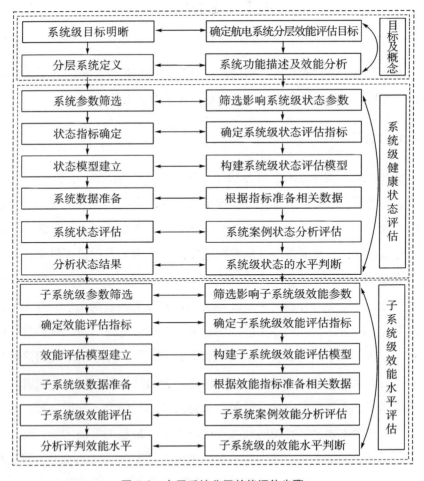

图 4.3　电子系统分层效能评估步骤

整个评估过程首先围绕着系统级的状态评估展开，结合着不同层级系统的特征和环境，运用数理方法对相应问题进行处理，从而得到精确的决策依据，提高航天器运行的安全性和可靠性。

4.1.3.2 指标确定

分层效能评估根据电子系统的特征，先后进行系统级的状态评估和子系统级的效能评估。其取得良好效果的根本在于对指标的确定。

如何根据电子系统的复杂性特征，依托影响系统级状态和子系统级效能的因素进行指标体系的合理构建是研究的重点。

（1）期望标准。

电子系统分层效能评估指标体系的构建对于其评价结果以及后续的决策有着至关重要的意义。指标选择的合理性和指标体系构建的科学性都会直接或者间接地影响其评估效果。根据对该类多属性问题的研究，指标的选择通常有以下五个期望标准：

①完整性。指标体系应能够表征决策所需的所有重要方面。

②可计算。指标可以有效地在分析与评估过程中进行度量处理。

③可分解。决策的问题能够被分解以简化评估过程。

④无冗余。决策问题的各方面不被重复考量。

⑤极小性。不能用更精简的指标体系来对同一决策问题进行描述。

同时具备以上五个期望标准在实际评估过程中非常困难，因而上述性质又称为多属性决策指标体系的期望标准。

（2）确定原则。

按照上文讲述的期望标准对推进系统电子系统进行分析，对影响其系统级状态和子系统级效能的核心指标进行筛选，而非简单无序的累加，实现对电子系统的安全性的完整评估，精准判断其效能水平。指标并不是越多越好，过多的考核指标会增加系统评估的复杂性，从而影响评估效率，降低健康管理的经济性和可操作性，所以要按照以下原则进行指标选取：

①完备性。电子系统的健康状态能够比较全面地反映在指标体系中。

②可测性。指标挑选时倾向于定性指标、相对容易计算的定量指标以及相对容易确定的核心指标。

③客观性。电子系统健康状态能够在所选指标中客观地联系起来。系统在设计、制造或运作中的健康状态性质与特征能够通过指标仿真被反映出来。

④独立性。各指标应尽量相互独立，减少重复考量某种因素，以避免指标交叠而影响对指标权重的客观评定。

⑤最简性。在能够满足系统健康状态评估的基本需求条件下，尽可能以最为精炼的核心指标来进行状态评估。

（3）确定方法。

电子系统分层效能评估指标确定的关键在于对定性指标和定量指标的综合分析。由于系统的复杂性，效能评估问题属于典型的多属性问题类型。其属性众多的特点使得在指标选择是需要处理由于属性不同而产生的指标无法统一度量等问题，因此指标选择过程也较为复杂，涉及众多领域的专业知识。针对这一问题，可以采用由来自不同科技部门和领域的专家组成的团队，运用德尔菲法，结合其在各领域的实际工作经验和研究成果，对电子系统指标体系所涉及的影响因素和问题进行评估和判别，最终通过不断的汇总和反复讨论，达成一致意见，构建合理的电子系统分层效能评估体系，并对其进行详细的运用说明。

（4）指标分类。

在对指标进行分类时，通常是根据属性对决策者的主观愿望的独立程度、属性是否能定量表述以及人们对属性值的期望特点等几个标准来判断区分的。具体而言，按照主观愿望独立程度，可以划分为主观和客观两种属性；按是否能够进行定量表述，可以分为定性和定量两种属性；按照人们对属性值的期望特性，主要有效益型、成本型、固定型、区间型、偏离型和偏离区间型六种。

4.1.3.3 定性属性定量化

定性属性指的是决策人员给出的属性对应信息是模糊的语义变量而不是精确的数字表达值。在解决多属性决策问题时，将定性属性进行科学的定量化处理使决策具有可行性和合理性。

（1）专家打分法。

专家根据每个属性的特征，对其进行定级。该方法的精确度与专家自身知识和专业技术水平密切相关，因此对评审专家的专业素养和经验阅历有严格要求。同时，还需将指标的复杂性及主观认识的局限性考虑在内，可通过集值统计的方法来处理多样化的估计结果，以降低误差，提高精确性和有效性。

（2）判断矩阵法。

一般来讲，决策方案的重要程度和优越程度是通过定性属性来描述的。当属性值较难直接确定时，可以通过专家人员给出同一属性在不同方案中的差别的两两比较判断矩阵得到排序权向量，从而把排序权向量的分量作为定性属性的定量值。该方法是以构建判断矩阵为基础的，其可信度和合理性受到决策群体规模的影响，如在层次分析法的判断矩阵中，便可用加权算术平均群判断矩阵法。

4.2.2 评估方法

航天器推进系统的电子系统分层效能评估问题是系统级健康状态评估和子系统效能评估问题的集成。其特点是所涉及的因素众多，且各因素之间存在着某种程度的关联，因此本节就网络层次法和贝叶斯网络法的主要内容进行介绍。

4.2.2.1 网络层次法

本节对网络层次法的基本步骤和计算方法进行简单的介绍。

（1）ANP 的基本步骤。

一般来说，在应用 ANP 方法时有如下四个步骤：

①网络模型的构建；

②两两比较和优先级矢量的创建；

③超级矩阵的形成和转化；

④确定最终排名优先。

（2）ANP 的计算方法。

步骤一，网络结构的形成。首先由专家参与确定一整全面的指标，然后找出各一级指标、二级指标及备选方案之间的内在联系，并展示在网络结构中。此处获得的内在联系包括指标等级之间的内在关联和指标等级内的关联。

步骤二，两两比较矩阵的构建及局部权重的获得。根据其在网络结构中的关系，进行两两比较矩阵计算，从而获得在网络结构中各因素的局部权重值。在该步骤中，采用以下操作：分配成对比较矩阵的比较值后，根据公式（4.1），由特征向量计算局部权重值，A、w 和 $\lambda_{\max}$ 在方程中分别对应于两两比较矩阵，特征向量和特征值为

$$Aw = \lambda_{\max} w \tag{4.1}$$

$$A = \begin{bmatrix} a_{11} & a_{12} & \cdots & a_{1n} \\ a_{21} & a_{22} & \cdots & a_{2n} \\ \vdots & \vdots & \vdots & \vdots \\ a_{n1} & a_{n2} & \cdots & a_{nn} \end{bmatrix}$$

运用公式（4.2）对矩阵 A 进行计算，在公式中，a_{ij} 表示成对比较矩阵的成对比较值：

$$A = \left[a_{ij} \right]_{n \times n} \qquad i = 1, 2, \cdots, n \quad j = 1, 2, \cdots, n \tag{4.2}$$

然后得到归一化的两两比较矩阵 B，其中包括由公式（4.3）计算出的 b_{ij} 值：

$$B = \begin{bmatrix} b_{11} & b_{12} & \cdots & b_{1n} \\ b_{21} & b_{22} & \cdots & b_{2n} \\ \vdots & \vdots & \vdots & \vdots \\ b_{n1} & b_{n2} & \cdots & b_{nn} \end{bmatrix}$$

$$b_{ij} = \frac{a_{ij}}{\displaystyle\sum_{i=1}^{n} a_{ij}} \qquad i = 1,2,\cdots,n \quad j = 1,2,\cdots,n \tag{4.3}$$

通过公式（4.4）的计算可以得出特征值 w_i，从而得出特征向量 w：

$$W = \begin{bmatrix} w_1 \\ w_2 \\ \vdots \\ w_n \end{bmatrix}, \quad w_i = \frac{\displaystyle\sum_{i=1}^{n} b_{ij}}{n} \qquad i = 1,2,\cdots,n \tag{4.4}$$

接下来，通过公式（4.5）得到 $\lambda_{\max}$ 的值，然后通过公式（4.6）和公式（4.7）对方程的一致性进行检验。

$$W' = \begin{bmatrix} w'_1 \\ w'_2 \\ \vdots \\ w'_n \end{bmatrix}, \quad \lambda_{\max} = \frac{1}{n}\left(\frac{w'_1}{w_1} + \frac{w'_2}{w_2} + \cdots + \frac{w'_n}{w_n} \right) \tag{4.5}$$

$$CI = \frac{\lambda_{\max} - n}{n - 1} \tag{4.6}$$

$$CR = \frac{CI}{RI} \tag{4.7}$$

步骤四，将未加权的和加权的值形成限制超级矩阵，获得最终的权重值。通过定位方便本列的局部权重，获得超级矩阵。一般情况下，超级矩阵一列的值应该大于 1。群集通过不断的加权和归一化处理，直到得到超级矩阵，每列值为 1。这种新得到的超级矩阵通常被称作超级加权矩阵[202,233]。

如果 k 是一个较大的随机数，那么将超级矩阵的系数增加为 $2k+1$，成为近似限制，即局部权重。同时称新的矩阵为限制超级矩阵，对超级矩阵中的每一列进行正常化处理，得到指标的全局权重。

4.2.2.2 贝叶斯网络法

这里运用贝叶斯网络法来计算可靠度。贝叶斯网络法处理因果网络中不确定性的基础理论是条件概率理论。条件概率表示事件 A 在另外一个事件 B 已经发生条件下的发生概率，条件概率表示为 $P(A \mid B)$，并且有

$$P(A \mid B) = \frac{P(A \cup B)}{P(B)} \qquad (4.8)$$

其中，$P(B)$ 表示事件 B 发生的概率，$P(A \cap B)$ 表示事件 A 与事件 B 的联合概率，即事件 A 与事件 B 共同发生的概率，联合概率也可表示为 $P(A, B)$。由此可以推出

$$P(A \mid B)P(B) = P(A, B) \qquad (4.9)$$

$$P(A \mid B)P(A) = P(A, B) \qquad (4.10)$$

由公式(4.9) 可以得到

$$P(A \mid B)P(B) = P(B \mid A)P(A) \qquad (4.11)$$

$$P(A \mid B) = \frac{P(B \mid A)P(A)}{P(B)} \qquad (4.12)$$

公式(4.11) 即为贝叶斯定理。根据该定理，$P(A)$ 表示假设 A 为真的概率或可信度，当获得证据 B 之后，证据 B 有可能加强或者减弱假设 A 的可信度，因此可信度由 $P(A \mid B)$ 表示，并且根据贝叶斯定理进行更新。

如果 A 是一个变量，其值为 a_1, a_2, $\cdots$, a_n，则 A 的概率分布可表示为 $P(A) = (x_1 x_2 \cdots x_n)$，并且有 $\sum_{i=1}^{n} x_i = 1$。

贝叶斯网络法融合了概率论、图论以及人工智能等理论和技术，是以有向无环图的形式对系统进行建模，用节点表示系统中的变量，用有向边

表示变量之间的因果关系，用条件概率表示变量之间的相关程度。图 4.4
为一个简单的五节点贝叶斯网络结构。

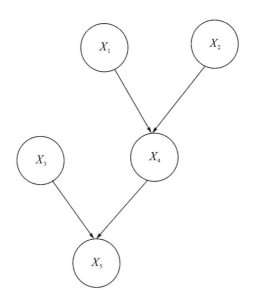

图 4.4　贝叶斯网络结构

　　贝叶斯方法的实现是通过先验信息建立后验模型，常常针对工程实际
中存在的高可靠、长寿命、小子样系统进行可靠性分析，但该方法有一个
致命的弱点——先验分布很难确定，这样就限制了该方法的使用。

　　假定 P_k 是一个二级指标在监测时间 t_k 的失效可能性，$1<k<m$，$p_k T<t_k$，选择 β 分布作为第一层级 p_k 的分布：

$$\pi_{k1}(p_k \mid a,b) = \frac{1}{B(a,b)} p_k^{a-1}(1-p_k)^{b-1}, \quad 0<p_k<1$$

其中，$B(a,b)$ 是函数，$a \leqslant 1$ 和 $b \geqslant 1$ 是两个超参数。进而，对第二层级的
先验分布有

$$\pi_{k2}(a) = U(0,1), \quad \pi_{k2}(b) = U(1,c)$$

其中，a 和 b 是互相独立的值，$c \in (5,7)$ 是最优值。根据第一、第二层
级的先验分布，可以得到 p_k 的先验分布：

$$\pi_k(p_k) = \iint \pi_{k1}(a,b)\,\pi_{k2}(a)\,\pi_{k2}(b)$$

$$= \int_0^1 \int_t^c \frac{1}{c-1}\,\frac{p_k^{a-1}(1-p_k)^{b-1}}{B(a,b)}$$

其中，$s_k = n_k + n_{k+1} + \cdots + n_m$ 和 n_k 是 t_k 的样本数量。同样地，可根据 p_{k-1}，$\cdots$，p_1 的先验分布对相应的时刻点进行估计。进而，二级指标的可靠性可以通过分区分布的方法得出。

在威布尔分布下，对于给定的 $r \in (r', r_k)$，$1-\alpha$，可以降低置信度的可靠度表示为

$$\hat{R}_L(\tau) = \begin{cases} 0, & r > r_k \\[1mm] \alpha^{1/n_k}, & r = r_k \\[1mm] \alpha^{1/f(m_1^*)}, & r' < r < r_k \\[1mm] \alpha^{1/n}, & 0 < r \leqslant r' \end{cases}$$

其中，r' 是监测时间 n 的几何平均数，$r' = \left(\prod_{i=1}^k r_i^{n_i}\right)$，$f(m) = \sum_{i=1}^k n_i(r_i/r)^m$，且 m_1^* 是 $\sum_{i=1}^k n_i(r_i/r)^m \ln(r_i/r) = 0$ 独特的解决方案。

4.2.3　构建模型

集成系统分层效能评估模型包括两个层次：第一个层次是系统级的健康状态评估，第二个层次是子系统级的效能水平评估。该方法通过采用隶属函数来处理模棱两可的情况，同时允许多属性来进行同步评估。集成系统效能评估模型已成功应用于健康管理领域的复杂的模糊决策问题。考虑到这一点，将具有定量分析方法的综合系统效能评估模型运用到以集成系统健康管理为导向的推进系统的电子系统的效能评估中。通常情况下，模糊比较方法是使用专家知识为判断对象进行的。状态语义值和效能语义值都是通过专家主观评价和客观测试获取。专家小组的观点被用来建立隶属函数的所有标准和子标准。在此之后，状态的权重和效能的权重可使用状

态语义值和效能语义值得到，进而计算出系统级健康状态值和子系统级的效能水平值。图 4.5 完整地展示了建模过程。

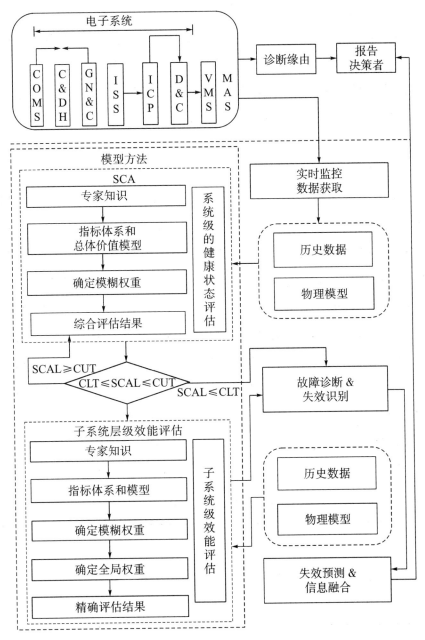

图 4.5　面向系统健康管理的分层效能评估模型

4.2.3.1 系统级状态评估

航天器推进系统电子系统级状态评估主要包括成立专家小组构建指标体系，运用成对比较矩阵来计算指标和二级指标的局部权重（LW），通过将二级指标的局部权重与一级指标局部权重相乘计算得到二级指标的全局权重，采用程[84]提出来的模糊语义值法来测量二级指标，将计算得到的系统级的健康状态水平值与其通过可靠性和劣化度进行功能完整性测试得到的上阈值（UT）和下阈值（LT），而后进行比较。

第一步，成立一个专家小组，将来自学术界以及工业部门的 10 名研究专家安排在一起，以确定系统级状态评估模型使用的标准和子标准。系统级状态评估（SCA）在指标体系的顶端，第二层有效性的指标是对有效性的三种测量维度的说明[94]。主要功能（MF）、可靠度（RD）和劣化度（DD）是从该系统角度进行综合评价的三种不同维度。MF 反映了主要功能的完整性，如通信、导航、飞行控制和数据处理等。RD 测量关键部件 DD 的可靠性，并确定在关键部件发生的任何明显的异常。如果 RD 发现系统在运行时有明显异常，COMS、GN&C、C&DH 和 MAS 将被确定为四个子标准的 RD。同时，以同样的方式确定 DD 的四个下级指标 ACS、D&C、ICP 和 ST。在分析过程中，对影响系统及健康状态的二级指标进行检查，并确定每个测试系统的相关二级指标。在对系统功能进行分析后，确定 13 个二级指标，这些指标被用于系统级健康状态评估，从而构建了一个基于指标体系的分层模型。电子系统级健康状态评价指标体系如表 4.2 所示。

表 4.2　　　　　　电子系统级健康状态评价指标体系

指标	二级指标
主要功能	通信 导航 飞行控制（FC） 数据处理（DH）

表4.2(续)

指标	二级指标
可靠度	通信系统（COMS） 制导与控制系统（GN&C） 控制和数据处理系统（C&DH） 航电系统总线
劣化度	姿态控制系统（ACS） 显示和控制（D&C） 综合核处理器（ICP） 电力系统（EPS） 星体跟踪器（ST）

第二步，运用成对比较矩阵来计算指标和二级指标的局部权重（LW）。成对比较判断矩阵是使用三角模糊数的隶属度来衡量 LW[85]。权重的三角模糊数的隶属度如表4.3所示。

表 4.3　　　　　　　　　重要性的模糊语义尺度

重要性的语义尺度	模糊尺度	倒数尺度
同等重要	（1，1，1）	（1，1，1）
稍微重要	（1/2，1，3/2）	（2/3，1，2/3）
比较重要	（3/2，2，5/2）	（2/5，1/2，2/3）
显著重要	（5/2，3，7/2）	（2/7，1/3，2/5）
非常重要	（7/2，4，9/2）	（2/9，1/4，2/7）

层次分析法解决复杂问题是非常有效的。任何复杂的问题都可以从层次划分的角度利用层次分析法拆分成几个二级子问题，其中每个层次代表了一组与每个子问题相关的指标或属性。其中，基于一个额外加权处理的多属性分析方法，用它们的相对重要性来表示几个相关的属性[85]。通过层次分析法的成对矩阵过程得到几个属性的重要性，其中所述属性的重要性将在分层结构中进行二对二的矩阵匹配。层次分析模型通过在模糊逻辑层次分析过程的成对比较矩阵中引入三角模糊数，来确定模糊偏好值。

第三步，通过将二级指标的局部权重与一级指标的局部权重相乘，计算得到二级指标的全局权重。三角模糊数是用边界而不是具体数值来表示，其定义为 $\tilde{M}=(l,m,u)$。三角模糊数 $\tilde{M}=(l,m,u)$ 的隶属度函数 $\tilde{M}(x)$：$R\rightarrow[0,1]$ 的定义为 R，得到：

$$\tilde{M}(x)=\begin{cases}(x-l)/(m-1), & l\leq x\leq m \\ (u-x)/(u-m), & m\leq x\leq n \\ 0, & \text{其他}\end{cases} \tag{4.13}$$

其中，$l\leq m\leq u$，m 是三角模糊数 $\tilde{M}$ 的值和最可能的值，l 和 u 分别是三角模糊数 $\tilde{M}$ 的上、下边界。

三角模糊数 $\tilde{M}_1=(l_1,m_1,u_1)$ 和 $\tilde{M}_2=(l_2,m_2,u_2)$，其中 $l_1\,l_2\geq0$。具体运算法则如下：

$$[(l_1,m_1,u_1)]\oplus(l_2,m_2,u_2)=[(l_1+l_2,m_1+m_2,u_1+u_2)] \tag{4.14}$$

$$[(l_1,m_1,u_1)]\otimes(l_2,m_2,u_2)\approx[(l_1\times l_2,m_1\times m_2,u_1\times u_2)] \tag{4.15}$$

$$[(l_1,m_1,u_1)]^{-1}\approx(1/u_1),1/m_1,1/(l_1) \tag{4.16}$$

第 i 个目标的模糊综合尺度值定义为

$$S_i\approx\sum_{j=1}^{m}\tilde{M}\otimes\left[\sum_{i=1}^{n}\sum_{j=1}^{m}\tilde{M}_{ij}\right]^{-1} \tag{4.17}$$

$$\sum_{i=1}^{n}\sum_{j=1}^{m}\tilde{M}_{ij}=\left(\sum_{i=1}^{n}\tilde{l}_{ij},\ \sum_{i=1}^{n}\tilde{m}_{ij},\ \sum_{i=1}^{n}\tilde{u}_{ij}\right)$$

$$\sum_{j=1}^{m}\tilde{M}_{ij}\left(\sum_{j=1}^{m}\tilde{l}_{ij},\ \sum_{j=1}^{m}\tilde{m}_{ij},\ \sum_{j=1}^{m}\tilde{u}_{ij}\right)$$

$$\left[\sum_{i=1}^{n}\sum_{j=1}^{m}\tilde{M}_{ij}\right]^{-1}\approx\left(1/\sum_{j=1}^{m}\tilde{u}_{ij},\ 1/\sum_{j=1}^{m}\tilde{m}_{ij},\ 1/\sum_{j=1}^{m}\tilde{l}_{ij}\right)$$

运用公式（4.16）和公式（4.17）计算得到三角模糊数 $S_i=(l_i,m_i,u_i)$。

然后将 S_i 的值进行比较，并且计算出 $S_j=(l_j,m_j,u_j)\geq S_i=(l_i,m_i,u_i)$ 可能性的程度，如下：

$$V(S_j \geqslant S_i) = \text{height}(S_i \cap S_j)$$

$$= \begin{cases} 1, & \text{if } m_j \geqslant m_i \\ 0, & \text{if } l_i \geqslant u_j \\ \dfrac{l_i - u_j}{(m_j - u_i) - (m_i - l_i)}, & \text{otherwise} \end{cases} \tag{4.18}$$

对比 S_i 和 S_j，$V(S_j \geqslant S_i)$ 和 $V(S_i \geqslant S_j)$ 都需要。$V(S_j \geqslant S_i)$（$i5,j=1$，$2,\cdots,k$）可能性的最小值可通过下式进行定义：

$$V(S \geqslant S_1, S_2, S_k) = V[S \geqslant S_1 \text{ and}(S \geqslant S_2) \text{ and } \cdots(S \geqslant S_k)]$$

$$= \min_{i=1,2,3,\cdots,k} V(S \geqslant S_i) \tag{4.19}$$

同时，局部权重向量也标准化如下：

$$W = (\min V(S_1 \geqslant S_k), \min V(S_2 \geqslant S_k), \cdots, \min V(S_i \geqslant S_k)) \tag{4.20}$$

这里 $k = 1$，2，$\cdots$，n，w 是一个非模糊数。

第四步，采用程[84]提出来的模糊语义值法来测量二级指标。这些模糊逻辑语义值的模糊标量如表4.4所示。

表4.4　　　　　　　　　　　　模糊语义尺度和模糊尺度

模糊语义尺度	模糊语义值
非常好	1
好	0.75
中等	0.5
差	0.25
很差	0

系统级健康状态评估（SCA）的值由二级指标的状态权重相加得到。状态权重的值由二级指标的全局权重和相应的健康状态值得到。对于指标体系的三个指标，二级指标的健康状态值通过采用系统功能完整性测试得到。运用上一节中所述的贝叶斯可靠性分析方法对可靠性进行估计，从而确定可靠性二级指标的健康状态值[74]。劣化度被用来确定劣化度二级指标

的健康状态值。

第五步，将计算得到的系统级的健康状态水平值与其通过可靠性和劣化度进行功能完整性测试得到的上阈值（UT）和下阈值（LT）进行比较。运用上一节介绍的贝叶斯网络法计算出可靠度的值，然后就劣化度测定方法进行介绍，具体的步骤有以下三个：

①对于由监测和性能参数表示的系统来说，劣化度表示为

$$d_i = \left| \frac{x_i - x_0}{x_{max} - x_0} \right|^k, \qquad x_0 \leqslant x_i \leqslant x_{max}$$

其中，x_0 是常数，x_{max} 是退化和失效的阈值，x_i 是实际观测值的参数，且 k 是参数和系统状态变化的关系。

② x_0 和 x_{max} 是范围值，劣化度通过下式进行计算：

$$d_i = \begin{cases} 1, & x_i < x_1 \\ \left| (x_i - x_2)/(x_1 - x_2) \right|^k, & x_1 < x_i < x_2 \\ 0, & x_2 < x_i < x_3 \\ \left| (x_i - x_3)/(x_4 - x_3) \right|^k, & x_3 < x_i < x_4 \\ 1, & x_4 \leqslant x_i \end{cases}$$

其中，x_2 是常数的上边界，x_3 是下边界，x_1 和 x_4 分别是退化和失效的上边界和下边界。

③对于无法获得监测数据的情况，应该通过专家和工程师团队的判断来得出劣化度的值。

然后，对非线性模型的求解，其过程如下列方程组所示：

$\max = \lambda$,

$(1/2) \times \lambda \times w_2 - w_1 + w_2 \leqslant 0$

$(1/2) \times \lambda \times w_2 + w_1 - 2w_2 \leqslant 0$

$(1/2) \times \lambda \times w_3 - w_1 + w_3 \leqslant 0$

$(1/2) \times \lambda \times w_3 + w_1 - 2w_3 \leqslant 0$

$$(1/2)\times\lambda\times w_4-w_1+(1/2)\times w_4\leqslant0$$

$$(1/2)\times\lambda\times w_4+w_1-(3/2)\times w_4\leqslant0$$

$$(1/6)\times\lambda\times w_4-w_2+(1/2)\times w_4\leqslant0$$

$$(1/3)\times\lambda\times w_4+w_2-w_4\leqslant0$$

$$w_1+w_2+w_3+w_4=1$$

其中，上阈值和下阈值是判断系统健康状态的依据。同时，通过全局权重和状态水平值确定子系统的警报标准线（ASL），并根据对比结果来进行状态评估和决策。如果系统级状态水平大于上阈值，即 $SCAL>UT$，说明系统的运行状态良好。如果 $LT<SCAL<UT$，应该继续进行实时监测，同时根据全局权重和警报标准线来选择一个子系统从而进行进一步的效能评估。如果 $SCAL<LT$，说明系统处于危险的状态，应该停止运行并通过实施故障诊断和寿命预测来找出偏差和劣化情况，估计出现的故障和维修情况，甚至是重新发布命令。

4.2.3.2 子系统级效能评估

如果系统级状态值（SCAL）满足条件：$LT<SCAL<UT$，那么根据全局权重和警报标准线来选择一个子系统[165]，构建子系统级的效能评估模型如图 4.6 所示：

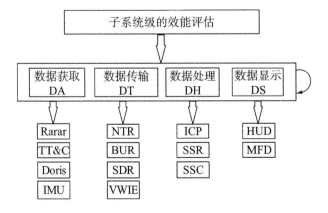

图4.6 面向系统健康管理的子系统级的效能评估模型

第六步，根据警报标准线和全局权重选择一个子系统。子系统级的效能评估模型适用于不同决策层次和属性之间的复杂关系。由于在分层方法中难以用高或低、显著或不显著、直接或间接的形式表达层次之间的复杂关系，所以子系统级的效能评估方法用网络代替分层方法。首先确定子系统级效能评估模型中要用到的一级指标和二级指标，并在此基础上构建其分层结构[149]。

第七步，运用两两比较矩阵来确定要素和子要素的局部权重（假设因素之间相互独立)[166]。就相对重要性来测量的相对权重使用的模糊标度列于表4.3。

第八步，运用模糊语义尺度来确定每一个要素与其他要素之间的内在关联度。所构成的内生矩阵乘以在第七步中提到的要素的局部权重，从而计算出要素的内在关联权重[69]。

第九步，计算出子要素的全局权重。将子要素的局部权重乘以它所属指标的内在依赖权重，得到子要素的全局权重。

第十步，对子要素进行衡量。这里要运用程提出的模糊语义尺度。有关这些尺度的平均值如图4.3所示。另外，在运用这些评估标度的时候，需要注意这些语义尺度会根据子要素结构的变化而变化[82]。

第十一步，通过子要素的全局权重和模糊语义尺度来计算得到子系统级的效能评估结果。将所得到的子系统的效能水平值、效能上阈值和下阈值进行比较，并根据对比结果确定效能水平和相应的决策。

4.3 应用分析

由来自学术界、研究机构和工业部门的10名专家共同组建的专家团队运用状态评估模型为航天器推进系统的电子系统测试系统设计算例。专家团队建立成对比较矩阵来计算局部权重，建模求解的过程的结果具体如下文所示。

4.3.1 算例求解

在上述模型的基础上，根据电子系统的实际情况编制了数值算例，运用模型先后进行系统级的健康状态评估和子系统级的效能评估。

4.3.1.1 系统级的健康状态评估

首先，建立评估系统状态的指标体系，如图 4.7 所示。

第一步，基于指标体系构建系统级的状态评模型。该模型包括五个层次。

处在顶层的是电子系统的健康状态评估目标。三个指标分布在第二层，其分别对应的二级指标处在第三层。

处在第四层的是用来衡量二级指标状态权重的模糊标度。对测试子系统的效能计算处在第五层。

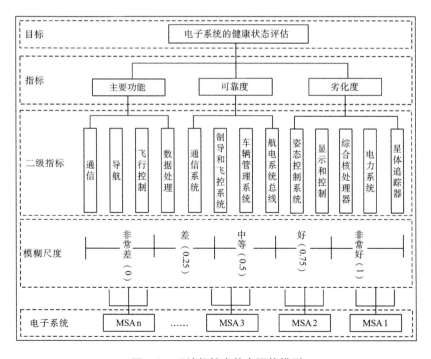

图 4.7　系统级健康状态评估模型

第二步，计算出系统级健康状态评估模型中的第二和第三层的指标和二级指标的局部权重。通过模糊尺度和专家团队判断来建立成对比较矩阵。运用三角模糊尺度判断得到三个指标的成对比较矩阵如表4.5所示。运用公式（4.11）和公式（4.17），计算出表4.5中每一列的平均值，结果如表4.6所示。

表4.5　　　　　　　　　　　模糊指标评价的平均值

指标	主要功能	可靠度	劣化度
主要功能	(1.000, 1.000, 1.000)	(0.734, 0.915, 1.278)	(0.750, 0.946, 1.303)
可靠度	(0.632, 0.876, 1.163)	(1.000, 1.000, 1.000)	(0.798, 1.017, 1.392)
劣化度	(0.615, 0.844, 1.116)	(0.735, 0.976, 1.287)	(1.000, 1.000, 1.000)

表4.6　　　　　　　　　　　指标模糊成对比较矩阵

指标	主要功能	可靠度	劣化度
主要功能	(1, 1, 1)	(2/3, 1, 4/3)	(1, 1, 1)
	(1, 1, 1)	(2/5, 1/2, 2/3)	(3/2, 2, 5/2)
	(1, 1, 1)	(1, 1, 1)	(1/2, 1, 3/2)
	……	……	……
可靠度	(1/2, 1, 3/2)	(1, 1, 1)	(2/3, 1, 4/3)
	(3/2, 2, 5/2)	(1, 1, 1)	(1, 1, 1)
	(1, 1, 1)	(1, 1, 1)	(1/2, 1, 3/2)
	……	……	……
劣化度	(1, 1, 1)	(1/2, 1, 3/2)	(3/2, 2, 5/2)
	(2/5, 1/2, 2/3)	(1, 1, 1)	(1, 1, 1)
	(2/3, 1, 4/3)	(2/3, 1, 4/3)	(1, 3/2, 2)
	……	……	……

将 S_i 的值进行单独比较，然后运用公式（4.18）计算出 $S_j = (l_j, m_j, u_j) \geqslant S_i = (l_i, m_i, u_i)$ 的可能性。例如，$V(S_2 \geqslant S_1) = (0.179 - 0.387)/[(0.257 - 0.387) - (0.261 - 0.179)] = 0.981$。运用同样的方法计算出 $V(S_i \geqslant S_j)$ 的值，如表4.7所示。

表 4.7　　　　　　　　　　　　　　　　$V(S_i \geqslant S_j)$ 的值

$V(S_1 \geqslant S_j)$ 的值	$V(S_2 \geqslant S_j)$ 的值	$V(S_3 \geqslant S_j)$ 的值
$V(S_1 \geqslant S_2) = 1.000$	$V(S_2 \geqslant S_1) = 0.981$	$V(S_3 \geqslant S_1) = 0.841$
$V(S_1 \geqslant S_3) = 1.000$	$V(S_2 \geqslant S_3) = 1.000$	$V(S_3 \geqslant S_2) = 0.865$

然后，运用公式（4.19）来确定 $V(S_i \geqslant S_j)$ （$i,j = 1,2,\cdots,k$）的最小值，进一步通过运用公式（4.20）来确定局部权重的值为 $W' = (1.000,$ $0.981, 0.841, 0.953)^T$。经过标准化处理后，得到 $W = (0.265, 0.259,$ $0.223, 0.253)^T$，这里 W 是一个非模糊数。

所有二级指标的成对比较矩阵都是按相同的方式建立的，并且二级指标局部权重按照上述的成对比较矩阵的平均值进行计算。

第三步，运用指标和二级指标的局部权重可以计算出二级指标的全局权重。二级指标的全局权重是通过二级指标的局部权重乘以指标的局部权重计算得到的。计算得到的二级指标的全局权重如表 4.8 所示。

表 4.8　　　　　　　　　　二级指标的局部权重和全局权重

指标（LW）	二级指标	LW	GW
主要功能（0.356）	通信	0.218	0.077
	导航	0.277	0.098
	飞行控制	0.269	0.095
	数据处理	0.236	0.084
可靠度（0.359）	通信系统	0.266	0.095
	制导与飞控系统	0.207	0.074
	控制和数据处理系统	0.229	0.082
	飞行器管理系统	0.138	0.049
	航电系统总线	0.160	0.057
劣化度（0.285）	姿态控制系统	0.201	0.057
	显示和控制	0.193	0.055

表4.8(续)

指标（LW）	二级指标	LW	GW
	综合核处理器	0.209	0.059
	电力系统	0.211	0.060
	星体追踪器	0.186	0.053

第四步，二级指标的健康权重值由二级指标的全局权重和表4.8和表4.3中所示的语义值确定。状态权重是通过二级指标的全局权重和相应的状态水平值计算得到的，而系统级健康状态评估值等于所有二级指标的状态权重之和。一个具有完整功能模块的测试系统开始进行测试，如算例中所示，以500小时的运行时间为评估的时间节点。根据测试，测试系统的主要功能是完整的、正确的。主要功能的二级指标的模糊语义值被判定为"好"，如表4.4所示，其对应的模糊尺度是0.75。

可靠度是假设用来确定可靠度二级指标的状态水平值，它是零故障系统在早期进行广泛实验结束时的一种可能性。在置信度为0.95的零失效时间内，可靠度二级指标的可能性值分别确定为0.998 9，0.998 8，0.998 6，0.999 1，0.998 3。运用上一节提到的估计方法计算可靠度的值，表4.9中所示的工程经验数据是可靠和合理的。

表4.9　　　　　　　　　可靠度二级指标值

二级指标	可靠度的值				
	RD(100)	RD(200)	RD(300)	RD(400)	RD(500)
通信系统	0.998 9	0.998 1	0.996 7	0.995 7	0.995 9
制导和飞控系统	0.998 8	0.997 7	0.996 8	0.995 6	0.994 5
控制和数据处理系统	0.998 6	0.997 3	0.996 5	0.995 2	0.994 1
航电系统总线	0.999 1	0.998 5	0.997 1	0.996 3	0.992 9
飞行器管理系统	0.998 3	0.996 9	0.995 8	0.994 8	0.993 8

将劣化度定义为 $d_i \in [0,1]$，其决定了劣化度二级指标的健康水平值，并且代表着其状态发生偏差的程度。其中 $d_i = 0$ 代表最佳的状态，而 $d_i = 1$ 代表最差或者失效的状态。

运用劣化度估计方法，得到劣化度的值，其结果如表 4.10 所示。

表 4.10　　　　　　　劣化度二级指标值

二级指标	单位	范围	测量值	劣化度
姿态控制系统	程度（误差）	<0.01°	0.012°	0.18
显示和控制	—	—	—	—
综合核处理器	伏特	（1.2~1.5）	1.34	0.09
电力系统	瓦	（265~295）	263	0.23
星体追踪器	伏特	（5~15）	12.6	0.11

将 $[R(500)-0.9] \times 10$ 的值作为可靠度二级指标的健康状态值，$1-d_i$ 的值作为劣化度二级指标的值。计算出的测试系统的状态权重和系统级健康状态水平值如表 4.11 所示。

表 4.11　　　　测试系统的状态权重和系统级健康状态水平值

二级指标	全局权重	状态水平值	状态权重
通信	0.077	0.750	0.067
导航	0.098	0.750	0.066
飞控	0.095	0.750	0.060
数据处理	0.084	0.750	0.055
通信系统	0.095	0.959	0.091
制导和飞控系统	0.074	0.945	0.082
控制和数据处理系统	0.082	0.941	0.079
飞行器管理系统	0.049	0.938	0.061
航电系统总线	0.057	0.929	0.046
姿态控制系统	0.057	0.820	0.053
显示和控制	0.055	0.850	0.062

表4.11(续)

二级指标	全局权重	状态水平值	状态权重
综合核处理器	0.059	0.910	0.067
电力系统	0.060	0.770	0.060
星体追踪器	0.053	0.890	0.047
系统级状态评估值			0.896

第五步，评估系统级健康状态时，所有指标状态加权总和可以由系统级健康状态评估专家团队通过将上下阈值和可靠度及劣化度进行对比来判断测试系统的健康水平。主要功能二级指标的模糊语义尺度设置在"好"与"非常好"之间以确定上阈值的值，而且 R （100）的值通过将劣化度设置为 0.10 来确定可靠度二级指标的状态水平值。为了确定下阈值，将主要功能的模糊语义值设置在"中等"和"好"之间，R （1 000）的值通过将劣化度设置为 0.35 来确定可靠度二级指标的状态水平值。其上阈值确定为 0.912，下阈值确定为 0.687，这里得到子系统的警报标准线。通过测试系统的系统级健康状态评估、上阈值和下阈值，可以看出 0.687<0.896<0.912，结果说明系统级的健康状态并不是"非常好"，因此需要进行更进一步的效能评估以研究其具体原因。

4.3.1.2 子系统的效能评估

第六步，正如在上文中提到的，系统级状态评估结果并不是"非常好"，所以需要更进一步的评估以解释具体原因。从表 4.11 中可以看出，导航子系统的状态水平值为 0.066，已低于警报标准线 0.070。另外，导航系统在所有二级指标中的全局权重最高，因此导航系统的健康状态已经发生偏差。该系统有四个主要功能：导航和定位功能（NPA）、时间服务功能（TSA）、气象测量调查、配套功能（MSC）以及通信功能（CC）。其中，导航和定位功能有四个二级指标：覆盖区域（CA）、精确定位（PP）、定位响应时间（PRT）和速度精确功能（PSC）。时间服务功能有两个二级指标：定时精度（TA）及更新频率（UF）。配套功能的二级指标（MSC）有保密功能（SA）、抗干扰能力（AJC）及指挥和协调能力（CCC）。通信功能（CC）的二级指标有用户容量（UC）及误码率（BER）。因此根据四个指标确定 11 个二级指标并进行分类。导航系统级效能评估指标体系如表4.12 所示。

表 4.12　　　　　　　　导航系统级效能评估指标体系

指标	二级指标
导航和定位功能	覆盖区域（CA）
	精确定位（PP）
	定位响应时间（PRT）
	速度精确功能（PSC）
时间服务功能	定时精度（TA）
	更新频率（UF）
配套功能	保密功能（SA）
	抗干扰能力（AJC）
	指挥和协调功能（CCC）
通信功能	用户容量（UC）
	误码率（BER）

结合图 4.8 中完整的建模过程，运用在第一步中确定的指标和二级指标，构建子系统效能评估模型。

导航系统级效能评估模型功能包括三个层次。第一层级是建模目标，即"评估子系统的效能水平"。第二层级包括衡量导航系统的指标。该层级的指标通过单向箭头与第一层级的目标连接起来。在第二层级中的箭头象征着相互依存内在联系。二级指标在第三层级。

第七步，对图 4.7 中第二层级和第三层级的指标和二级指标的局部权重进行计算。专家组根据表 4.3 中的尺度构建成对比较矩阵，如表 4.13 所示，并以同样的方式确定模糊评价矩阵。

通过表 4.4 中的模糊比较值和上节提到的模糊优先级方法，计算出指标的局部权重。运用非线性模型计算出表 4.4 中的权重。因此，从上述模

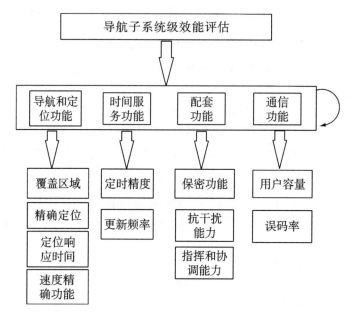

图4.8　导航子系统级效能评估模型

型的权重向量计算得 $W_{Criteria} = (0.349，0.171，0.238，0.242)^T$ 和一致性指标 λ 值0.68，表明模糊成对矩阵符合一致性特征。进而，按照类似于上述模糊评价矩阵方法计算得到二级指标的局部权重。

第八步，考虑指标之间的相互依赖性并计算出指标的相互关联权重。如图4.9所示，通过分析每个指标之间的影响，确定指标之间的关联性。

专家团队通过地面研究确定了这些关联性，并且得到以下结论："导航和定位能力"指标影响时间，"通信功能"指标和"导航和定位功能"指标之间也存在互相关联性。

根据图4.9中所示的相互关联性，专家团队通过构建导航和定位功能指标、配套功能指标及通信功能指标成对比较矩阵确定所有指标之间的相互关联性，并由此对相对重要性权重矩阵进行计算。这些指标的权重在表4.14中都分别表示出来了。"0"值表示两个指标没有关联性。

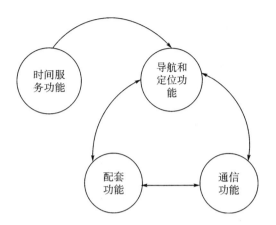

图 4.9　指标相互关联性

运用表 4.13 和表 4.14 中的数据，基于互相关联性计算出指标之间的相对重要权重。

$$w_{criteria} = \begin{bmatrix} 0.421 & 0 & 0.545 & 0.499 \\ 0.10 & 0 & 0.274 & 0.381 \\ 0.189 & 0.113 & 0 & 11 \\ 0.326 & 0 & 0.383 & 0 \end{bmatrix} \times \begin{bmatrix} 0.378 \\ 0.167 \\ 0.223 \\ 0.232 \end{bmatrix} = \begin{bmatrix} 0.396 \\ 0.104 \\ 0.179 \\ 0.209 \end{bmatrix}$$

计算显示导航和定位功能（NPA）、配套功能（MSC）以及通信功能（CC）是与子系统级效能评估目标最相关的三个重要指标。在没有考虑指标优先级（表 4.13）及相互关联性（$w_{criteria}$）情况下获得的结果可以看出有明显差异。

表 4.13　　　　　　　　子系统级指标成对比较矩阵

指标	导航和定位功能	时间服务功能	权重
导航和定位功能	（1.000，1.000，1.000）	（1.500，2.000，2.500）	0.378
时间服务功能	（0.400，0.500，0.667）	（1.000，1.000，1.000）	0.167
配套功能	（0.500，0.667，1.000）	（1.000，1.500，2.000）	0.223
通信功能	（0.400，0.500，0.667）	（1.000，1.500，2.000）	0.232

表4.13(续)

指标	配套功能	通信功能	权重
导航和定位功能	(1.000, 1.500, 2.000)	(1.500, 2.000, 2.500)	0.378
时间服务功能	(0.500, 0.667, 1.000)	(0.500, 0.667, 1.000)	0.167
配套功能	(1.000, 1.000, 1.000)	(0.667, 1.000, 2.000)	0.223
通信功能	(0.500, 1.000, 1.500)	(1.000, 1.000, 1.000)	0.232

表4.14　　　　　　　　　　指标间相互影响度

指标	导航和定位功能	时间服务功能	配套功能	通信功能
导航和定位功能	0.421	0	0.545	0.499
时间服务功能	0.100	0	0.110	0.179
配套功能	0.189	0.113	0	0.381
通信功能	0.326	0	0.383	0

　　第九步，运用第八步中二级指标的相互关联权重和局部权重，计算得到二级指标的全局权重。二级指标的全局权重通过其所属指标的内在关联权重计算得到，如表4.15所示。

表4.15　　　　　　　　　　二级指标全局权重

指标及局部权重	二级指标	局部权重	全局权重
导航和定位功能 (0.396)	覆盖区域	0.381	0.150
	精确定位	0.222	0.088
	定位响应时间	0.273	0.108
	速度精确功能	0.124	0.049
时间服务功能 (0.104)	定时精度	0.321	0.033
	更新频率	0.402	0.042
配套功能 (0.179)	保密功能	0.462	0.083
	抗干扰能力	0.255	0.046
	指挥和协调功能	0.283	0.051
通信功能 (0.209)	用户容量	0.465	0.097
	误码率	0.535	0.112

第十步，二级指标的效能权重是通过表 4.15 中所示的二级指标的全局权重和表 4.3 中的语义值来确定的。效能权重是二级指标的全局权重和通过专家小组判断及目标测试得到的效能语义值进行计算得出的。在此基础上，通过将所有二级指标的效能权重加总得到子系统级的效能水平值。根据测试，其主要功能是集成的和正常的。具体来说，其时间服务功能、配套功能和通信功能的效能值通过表 4.4 中的模糊语义尺度来确定，其值为 0.75。

本节运用第四步中描述的方法和性能偏差值来确定导航和定位功能的效能值，结果如表 4.16 所示。

表 4.16　　　　　导航和定位功能二级指标的性能偏差

二级指标	单位	范围	测量值	性能偏差
覆盖区域	千米	（8 300~8 900）	8 642	0.09
精确定位	米	（5~12）	4.6	0.27
定位响应时间	秒	（3~15）	11.6	0.13
速度精确功能	－	－	－	－

将 $1-d_i$ 作为导航和定位功能二级指标的效能值，计算得到导向系统级的效能权重和效能水平值，如表 4.17 所示。

表 4.17　　　　　导向系统级效能权重和效能水平值

二级指标	全局权重	效能水平值	效能权重
覆盖区域	0.150	0.91	0.137
精确定位	0.088	0.73	0.064
定位响应时间	0.108	0.87	0.094
速度精确功能	0.049	0.85	0.042
定时精度	0.033	0.75	0.025
更新频率	0.042	0.75	0.032
保密功能	0.083	0.75	0.062
抗干扰能力	0.046	0.75	0.034

表4.17(续)

二级指标	全局权重	效能水平值	效能权重
指挥和协调功能	0.051	0.75	0.038
用户容量	0.097	0.75	0.072
误码率	0.112	0.75	0.084
系统级效能评估值			0.684

第十一步，导向系统级效能评估值是将所有二级指标效能权重值相加之后，通过将评估所得效能值和专家团队对主要功能判断得到的效能上阈值和下阈值进行比较来确定的效能水平。为了确定效能水平上阈值（EUT），将时间服务功能、配套功能以及通信功能的模糊语义尺度设定在"好"和"非常好"之间，并且将导航和定位功能的性能偏差设定为0.10。为了确定效能水平下阈值（ELT），将时间服务功能、配套功能以及通信功能的模糊语义尺度设定在"好"和"非常好"之间，并且将导航和定位功能的性能偏差设定为0.29，最终得到效能水平上阈值为0.921，下阈值为0.684。

通过测试导向系统级效能评估值、效能水平上阈值和下阈值可知，当$ELT = 0.643 < 0.684 < 0.921 = EUT$，测试导向系统应该保持继续运行，而且应该采取保护措施来提高效能水平。进一步计算效能水平值和子系统的效能评估，在二级指标体系的基础上决定是否进行计划系统升级和改进。

4.3.2　有效验证

测试模型有效性的重要性是众所周知的。对模型有效性的研究有多种不同的方法和措施。先前的研究对拟采用的模型有效性的研究包括四个方面：第一，进行对比分析，将拟采用的模型得到的结果和传统评估模型进行对比。第二，对两两比较矩阵和整个模型进行一致性比率计算。第三，对过去的测试数据进行分析和解释。通过利用该模型和测试系统过去的数据，确定是否对测试系统和子系统进行维修。第四，对不同专家团队给出的判断结果进行核查。将运用传统评估模型获得的结果进行对比：对一致性比率进行分析、对测试系统过去的数据进行统计分析、对不同专家团队利用模型得到的结果进行相似性分析。

选择包括武器系统效能工业咨询法（WSEIAC）、神经网络评价方法（NN）及多属性决策方法（TOPSIS）三种传统常用的评估方法与本章提出的模型进行对比。

结合十个测试系统的历史运行数据，运用三种传统的评估方法和此处拟采用的模型获得四组结果集合如表 4.18 所示。图 4.10 展示了三种传统方法得到的结果和拟采用模型得到的结果的不同。从图中可以看出，运用WSEIAC 和 TOPSIS 方法得到的结果分别处于较高和较低的状态水平。运用NN 得到的结果比较接近拟采用模型。但是，在历史操作过程中有两个事实故障发生，其中第一个几乎失效，第二个有一个子系统发生过严重的故障。很明显，相较于三种传统方法，通过子系统级效能评估方法得到的效能结果更加贴近历史数据反映的实际运行情况。这说明拟采用模型从全局性能角度来评估健康状态时具有更好的精确度，能够满足集成系统健康管理框架下子系统级效能评估的要求。

表 4.18　　　　　　　　十个测试系统健康状态对比

测试系统编号	最后状态良好时间	测试开始	测试结束	发生偏差时间	WSEIAC	NN	拟采用模型	TOPSIS
1	2011-07-26	2011-08-02	2011-09-03	2011-08-16	0.312	0.223	0.284	0.463
2	2011-08-16	2011-08-23	2011-09-23	2011-09-10	0.361	0.288	0.413	0.519
3	2012-03-14	2012-03-21	2012-04-20	–	0.439	0.336	0.513	0.547
4	2011-02-03	2011-02-10	2011-03-10	–	0.486	0.402	0.541	0.618
5	2012-06-22	2012-07-02	2012-08-05	–	0.534	0.465	0.604	0.679
6	2010-11-20	2011-12-29	2012-01-30	–	0.615	0.559	0.633	0.767
7	2011-04-19	2011-04-27	2011-05-26	–	0.689	0.615	0.676	0.783
8	2012-09-17	2012-09-25	2012-10-24	–	0.728	0.669	0.714	0.834
9	2011-12-05	2011-12-14	2012-01-14	–	0.936	0.867	0.843	0.946
10	2012-10-25	2012-11-04	2012-12-03	–	0.964	0.935	0.928	0.973

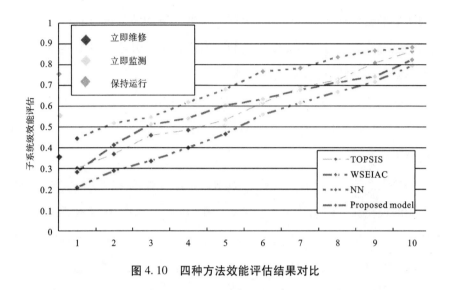

图 4.10　四种方法效能评估结果对比

突发失效和不符合模糊判断一致性的情况是拟采用模型得到错误决策的主要原因。在目前的技术水平下，应对突发失效非常困难[226]。集成系统健康管理的子系统级效能评估模型比较适用于磨损失效的失效机制。

4.4　本章小结

航天器推进系统电子系统的功能非常特殊，因此保证其绝对的安全和可靠以避免任务的失败是至关重要的。电子系统的健康状态和综合效能对航天器的安全飞行和任务的成功具有直接的影响。衡量安全状态是一个复杂过程，其包括系统级的子系统的评估。另外，电子系统集成效能评估涉及众多的指标，有些指标能够精确量化，有些指标由于环境的复杂性和不确定性而无法精确量化。因此，本章的出发点有两个：一是关注集成系统健康管理框架下进行效能评估的必要性；二是考虑指标之间的相互关联性，以确保评估结果的合理性。本章通过一个数值算例的研究，证明了将系统级状态评估方法和子系统级效能评估方法相结合进行综合效能评估的可行性。利用子系统级效能评估的评估技术，考虑了指标之间的相互关联性。系统级状态评估方法用来确定指标体系中指标的重要程度和状态水平值。除此之外，将模糊数引入综合效能评估方法中，以确定成对比较矩阵中的不确定因素，进而构建了一个精确的子系统效能评估模型，为决策者提供强有力的决策支持。基于集成系统健康管理的效能评估方法的精确性表明其可以运用于电子系统健康状态评估和子系统的效能评估问题，同样也可以运用于复杂的机电一体化系统，这一点在算例中已体现出来。在未来研究中，该模型还可以经过轻度修改来满足多变任务对电子系统功能模块的要求。未来的研究可能还试图考虑改进拟采用模型的准确性和鲁棒性，以确保其可调适的一致性。

5　软件系统可靠性预测

软件系统可靠性的预测能够减少成本，提高软件开发过程的效率。本章定义了一种新的软件系统可靠性，并给出了新的可靠性概念，重点关注的是集成系统健康管理的软件系统的全生命周期可靠性。将自适应遗传算法与支持向量机结合起来，建立了一种自适应遗传算法–支持向量机相结合的可靠性预测模型，目的是克服遗传算法的某些缺点，如局部极小和过早收敛问题的薄弱环节，解决支持向量机在参数选择上遇到的困难。通过算例来说明所提出的自适应遗传算法–支持向量机模型方法在标准支持向量机和人工神经网络对比方面具有更好的预测性能。

5.1　问题描述

随着航天事业的发展，航天器扮演着更重要的角色[230]。但是，人类的梦想是通过载人和无人航天器到国际空间站、月球、火星去探索，而这一过程或将需要更长的任务时间，同时航天器组合部件的复杂性也更高，因此，这一过程的风险也更大[229]。为了确保航天器按计划运行，对于航天器的每一个元素以及装配飞行器过程，必须模拟空间条件在地面上进行测试[205,218,234]。全生命周期监测系统专注于早期的设计、操作和一般飞船的维护[222]。

5.1.1 背景分析

由于软件系统有着关键的功能且面临复杂的操作环境，软件系统是否可靠与航天任务能否成功直接相关。软件系统可靠性是衡量系统可靠性的一个关键指标[159]。虽然目前软件系统的可靠性已经受到广泛关注，但是由于软件系统异常所造成的航天灾难仍时有发生。1963 年，美国金星探测计划失败的罪魁祸首是 FORTRAN 语言程序的标点符号出错；1996 年，由欧洲航天局开发的阿丽亚娜 501 软件故障引起火箭发射后 40 秒爆炸，造成数十亿美元的经济损失。1999 年，软件故障造成 NASA 火星极地着陆器崩溃。因此，在航天器系统中，任何一个小的软件错误可能会导致整个任务的失败，不仅造成经济损失，而且也可能造成相关生命的损失。为了安全以及维护载人航天器，特别是航天器推进系统软件系统的可靠性，引入全生命周期的集成系统健康管理系统十分必要[106]。

一般来说，集成系统健康管理包括现场监测、状态评估、故障诊断，预测和适当的决策，所以集成系统健康管理比传统的预测与健康管理更全面。健康管理已经成为实现高效的系统维修和降低生命周期成本的关键。健康管理涉及系统维修和运行条件下的设备状态评估。集成系统健康管理是一个方法框架，其允许系统的可靠性在其实际的生命周期的条件下进行评估，以确定故障的出现、降低系统的安全风险。它先监测产品或系统的健康状况，然后通过估计可靠性，从健康和使用条件两个方面来分析状态评估偏差[216]。软件系统的生命周期包括早期的设计、运行和维护三个阶段。

随着软件规模的扩大和复杂性的增加，软件开发已经转向模块化设计[123]。这一设计通过生命周期集成系统健康管理监视软件系统已经实现。本章讨论的全生命周期集成系统健康管理主要关注软件系统早期设计阶段的可靠性预测。由于航天器推进系统软件系统的可靠性具有质量特性，因而能够量化航天器软件系统。然而，软件可靠性一般随时间变化而改变。由于故障数量的增长，软件可靠性也发生变化，因而预测软件可靠性是非常困难的。因此设计有效的全生命周期预测技术是一项非常重要的研究，特别是对集成系统健康管理的核心预测[230]。

许多研究人员已经关注了软件的可靠性。Pietrantuono，Russo 和 Trivedi 提出了以软件的可靠性和测试的时间分配为依据的基础方法[184]。Huang 和 Lin 通过软件可靠性建模分析测试压缩因素和故障失败的关系[124]。Amin，Grunske 和 Colman 提出了一种基于时间序列模型的软件可靠性预测方法[51]。Garg，Lai 和 Huang 关注何时结束对软件系统的可靠性测试[112]。其他研究人员主要针对软件系统可靠性展开了研究。Wang 从评估和发布时间研究了航天器软件系统的设计和性能测试[182]。然而，很少有研究通过关注全生命周期集成系统健康管理来验证软件系统的可靠性。软件系统的结构复杂，故障的相关数据信息量巨大，具有随机性和易变化性，而通常的管理方法都存在着不同程度的局限性，因此单一的方法难以解决软件系统的可靠性问题。这里将自适应遗传算法[78,172]与支持向量机[87,140,203]结合用于构建 AGA-SVM 预测模型。AGA-SVM 试图克服 GA 的弱点，如局部最小值和过早收敛的问题，并解决了 SVM 的不足之处，如参数选择困难等。

软件系统是由众多命令程序和子系统构成的复杂系统，其可靠性除了受到设计生产阶段的因素影响外，还受到其复杂运行环境的影响。软件系统的高度的结构复杂性和不确定的运行环境在故障因子和故障机理方面充分体现出来。高度复杂的系统特征使得软件可靠性的研究需要多种学科知识的支撑，对集成手段的要求也较高。因此，面对这些特征要求，软件可靠性研究显得更为迫切、更有挑战。构架完整的可靠性评估框架，提高软件系统的可靠性，对于航天器系统健康管理工作意义重大。

5.1.2 失效机理

航天器推进系统软件系统的内在结构高度复杂，任务环境多样且具有不确定性，因而对其可靠性的研究难度较大。在进行软件可靠性预测之前，首先对软件的失效机理进行梳理。软件的失效机理因软件的复杂程度和运行环境的不同而不同，且不同软件的失效机理差异较明显。具体而言，有些软件因其自身结构和运行环境都较简单，其失效过程也相对简单，相关失效数据和信息收集难度较小；相对而言，也有失效过程较为复杂的，以至于失效数据和数据收集难度较大。有关失效机理的概念如下：

（1）人为错误。它是指在全寿命周期内的软件发生难以更改的错误或无法弥补的漏洞，致使软件系统整体出现漏洞。由外因所致的人为错误应当在开发过程中尽量减少。一般情况下，能够通过反复核查进行纠正，然而在特殊情况下，软件结构较复杂，人为错误就会被忽略而存在于软件中。

（2）软件缺陷。它是指影响有机整体功能实现的缺点。软件缺陷也是指在特定运行环境下，软件因固有缺点被制约或者超过某种阈值而使软件出现故障的情况。其主要是由人为错误所致，如多个或者一个程序代码证红的标点符号。软件缺陷本身是静态的，存在于软件中，当软件运行环境触发到这种缺陷时，便会引起软件故障的发生。

（3）软件故障。它是指软件没有按照预先编辑的程序执行命令致使整个系统出现超出预料的非正常状态。当软件接收到某种命令，但其程序代码中存在多或者少的语言，便会出现软件故障，导致软件失效。而且故障状态随着环境变化而变化，其直接原因是上述的软件缺陷。

（4）软件失效。它是指软件无法按照界面命令执行相应行为，发生明显偏差的状态。该状态相较于软件故障是更加恶化的状态。软件故障是软件失效的必要条件。软件故障可能会导致软件失效，也可能不会。但是软件失效必定是因软件故障而发生的。软件失效的症状和后果主要表现为系统失去控制、决策者无法通过命令实现整机或部分功能。

正如图 5.1 所示，通常情况下，软件的失效机理是由人为失误导致的。软件错误为源因子，引发单个或多个软件缺陷。与此同时，在特定的运行环境中，若缺陷被触发，则产生软件故障。若故障没有得到迅速合理的排除，势必急速恶化为软件失效。

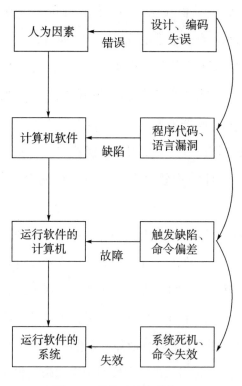

图 5.1 软件系统失效机理

5.1.3 可靠概念

20 世纪 30 年代，美国研究人员首次使用可靠性概念来评价飞机事故率。就可靠性概念本身而言，其指系统在规定的条件框架和时间范围内实现功能的能力。在该概念中，可靠性被定义为一种能力，而非性能。能力在特定条件下能够通过特定方式提高，但是性能是系统内在的、已经定格的，是难以改变的。

20 世纪 50 年代，研究人员将数理统计知识运用到可靠性的定量分析中，奠定了可靠性科学研究的基础。但是在当时对于可靠性的研究已经取得了显著的进步，且已经开始关注复杂系统的可靠性问题。就软件而言，可靠性是衡量其质量的最关键要素。它是软件质量最重要的特性之一，直接关系到计算机系统乃至更大的系统能否在给定时间内完成指定任务。不可靠的软件引发的失效给软件的拥有者、使用者或者软件开发人员带来的后果可能是灾难性的。

5.2 技术框架

航天器推进系统软件系统的可靠性预测是航天系统健康管理框架的重要一环，在复杂的内外环境下，能够合理地进行失效数据融合。选择科学的可靠性预测方法，得到准确的可靠性数据及相关的变化趋势，为航天器系统健康管理决策者做出科学决策提供有力支持，从而化解运行风险，减少损失。保障航天任务实现是航天软件可靠性工程的基本目标。具体而言，即根据推进系统软件系统的失效机理和可靠性概念及特征，对可靠性的评估指标进行分析和选择，通过相关的预测方法和相应的评估流程，实现对软件系统的可靠性评估。

5.2.1 指标选择

就航天器推进系统软件系统这种复杂的系统而言，有诸多因素可以体现其可靠性，本书选择具有代表性的指标，即平均故障间隔时间（MTBF）。其根据实时监测所得数据，进行分析处理，结合具体数据特征，选取相应预测方法，进而得到能够反映平均故障间隔时间趋势的预测结果。

目前，软件可靠性的定量度量还不完善。软件可靠性参数基本上采用与硬件可靠性度量指标相同的概念。目前，常用来表征软件可靠性指标参数的有以下几种。

（1）可靠度。在规定的条件下，实现预定功能的概率即为软件的可靠性 R。可靠度是指用概率数值来对软件失效进行表达，其参数通常用于不允许失效的系统。

（2）失效强度、失效率。一般而言，失效率与失效强度会出现在可靠性相关的研究中，两者有着紧密的联系，但概念确有差异。软件在时刻 t 尚未失效，但是过了这个时刻之后发生失效的可能性即为软件的失效率。失效数均值随着时间的变化率为失效强度。

（3）平均故障前时间、平均故障间隔时间。从当前尚未发生故障时刻 t 到下次故障时间的平均值是平均故障前时间，表示为 MTTF；而存在于两次相邻故障之间的时间间隔平均值是平均故障间隔时间，表示为 MTBF。

5.2.2 预测流程

航天器推进系统软件系统通常是非常复杂的，因为越来越多的功能必将引起飞船的安全性和可靠性变化，如图 5.2 所示。软件系统可靠性由星际功能和地面站功能两者同步工作实现。星际功能包括导航计算、故障监控、指挥处理、航天器子系统的管理、综合管理和通信有效载荷。地面站功能一般包括数据处理、数据压缩和存储、宇宙飞船遥测遥控、用户界面、运行状态的监测和维护。星际和地面系统要求高可靠性，尤其是星际软件，它通常是一个嵌入式的实时系统。这种复杂性也使软件开发成本显著提高。考虑到这一点，为确保航天器的正常操作，并避免任务失败，有必要关注早期设计阶段软件系统的可靠性。这意味着，要开发出高度可靠的软件系统，验证技术是必要的。因此，除了测试以外的传统技术，将自动验证技术应用到推进系统软件系统可靠性预测也起着关键作用[161]。

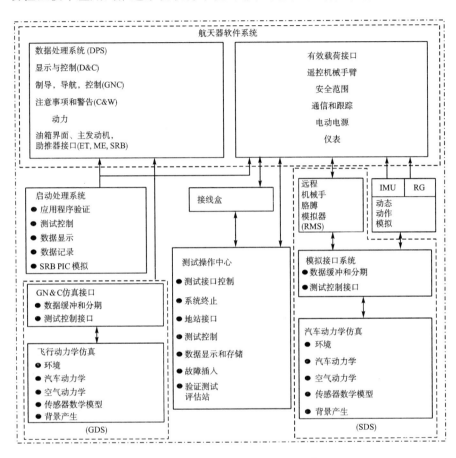

图 5.2 航天器推进系统软件系统

由于航天器推进系统软件系统具有多个时间阶段，并且具有结构复杂、参数量大等特点，导致其整个集成系统健康管理生命周期复杂，加上竞争失效机理和间歇性故障的存在而容易产生失败[46,211]。航天器推进系统软件系统生命周期集成系统健康管理流程如图 5.3 所示。

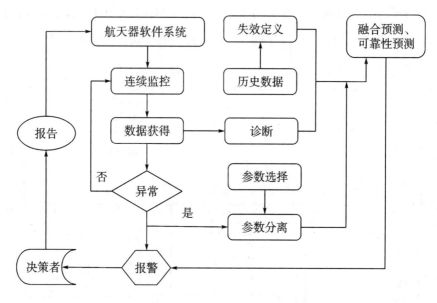

图 5.3　软件系统融合预测框架

如图 5.3 所示，连续的健康监测过程提供了关于该系统的性能信息、环境和工作载荷。这些数据都是生命周期集成系统健康管理用于数据操作中所需的信息。将系统的性能数据与历史数据进行比较诊断，分别对故障参数进行过滤，从而进行产品的损害评估。在此之后，进行参数选择和隔离，以确定系统异常状态的参数。用诊断方法评估可靠性，并最终根据剩余寿命的概率分布使用预测算法来预测失效。软件系统可靠性被定义为在指定环境操作阶段中无故障软件的概率[170]。事实上，软件系统的缺陷和故障有紧密联系。软件系统可靠性通常随时间而改变，这就使得故障空间失效时间可作为软件系统可靠性验证的例证。其结果是，在软件系统投入运行之前，所提出的面向集成系统健康管理生命周期的软件系统可靠性预测在早期设计阶段发现故障并排除。软件系统早期设计阶段可靠性如图5.4 所示。

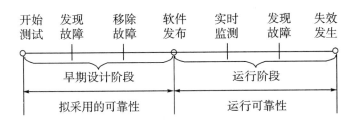

图5.4 航天器推进系统软件系统可靠性

对于复杂的航天器推进系统软件系统，智能化技术的应用有助于参数的优化和准确性的提高。在支持向量机的基础上，应用统计学具有良好的推广性，因为应用了结构风险最小化原则[89]，而不是传统的经验风险最小化原则。支持向量机的基本原理是将数据映射到更大的维特征空间，其中一个线性回归是使用非线性映射，这在小样本、高维、非线性预测区域将产生积极影响。然而，参数的选择对于预测效果有显著影响。考虑到自适应遗传算法具有很强的全局优化能力，本书提出了基于支持向量机和自适应遗传算法的融合预测模型。该模型综合了两种不同的理论，在应用中有效地结合了二者的优势。

5.2.3 算法设计

传统的遗传算法在对复杂问题进行评估时具有较高的精确度和灵敏性。但是由于评估对象的特殊性，对航天器推进系统软件系统进行集成系统健康管理框架下的可靠性评估要体现出及时性和动态性，因此，本书对遗传算法的参数选择环节进行改进，使其在进行参数选择时能够自动化，从而节省计算时间，提高航天器推进系统软件系统的时效性。

对复杂系统诊断预测的求解，也有不少学者使用遗传算法。遗传算法（Genetic Algorithm，GA）是一类参照生物界进化规律（"适者生存，优胜劣汰"遗传机制）演化而来的随机化搜索方法。美国的 Holland 教授于1975年首次提出遗传算法的相关概念。其主要特点是直接对结构对象进行操作，不存在求导和函数连续性的限定，具有较好的全局搜索能力和内在的并行性。其寻优的过程，采用概率方法，不需要任何确定的寻优准则，能自动适应和调整优化的搜索方向。由于遗传算法有这些优良的性质，因此它被广泛地应用于智能机器学习、排列组合优化、无线电信号处理等领域。

遗传算法针对模拟生物进化的全过程，抽象染色体间复制、交叉以及变异等过程和生物自然选择现象，开始于一个初始种群，通过概率的方法，进行选择、交叉和变异等操作，产生出更具适应能力的新个体。整个种群进化过程向更强适应环境的种群空间搜索，随着种群多代的进化繁衍，最终收敛于最优的个体。该个体通过解码，得到相关问题的最优解。

通过遗传学与计算科学之间理论与实践的互相交叉，创造出遗传算法，因此遗传算法采用了一些自然遗传学中的术语，具体见图 5.5，而一般遗传算法的步骤见图 5.6。

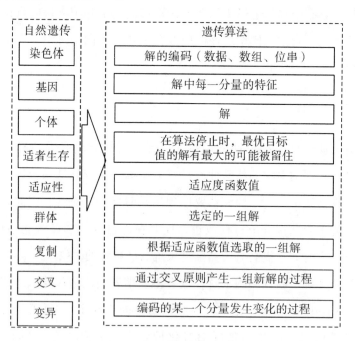

图 5.5　遗传算法的遗传学根源

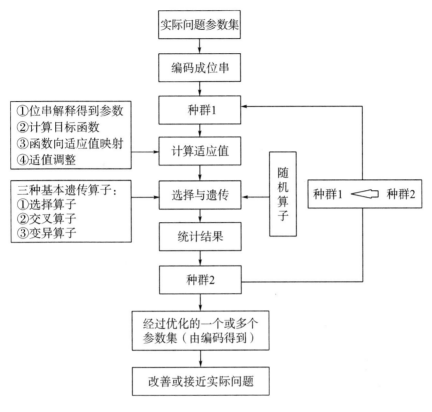

图 5.6 一般遗传算法的步骤

（1）编码：运用遗传空间的基因型串结构数据编码处于解空间的解数据。常用的编码方式包括二进制编码、实数编码、字母或整数排列编码以及一般数据结构编码。

（2）产生初始种群：通过概率方式产生个基因型串结构数据，其中每一个基因型串结构数据成为初始个体，个基因型串结构数据组成初始种群。

（3）适应度值评价：运用适应度函数评测出每个个体适应环境的能力。

（4）选择：对种群使用选择算子。选择的基本功能是通过一定方式从当前种群选择优质的个体。常用的选择算子方式包括轮盘赌选择、选择、稳态复制、竞争选择、比例与排序变换等。

（5）交叉：对种群使用交叉算子。交叉的基本功能是通过种群中个体染色体的互换，产生了组合父辈特征的新个体。

（6）变异：对种群使用变异算子。变异是通过染色体上基因位置的变换而得到的新的染色体，以防止整个进化过程的提早收敛。常选择的变异方式包括非均匀变异、高斯变异和有向变异。

针对复杂系统的健康管理的复杂性、时效性等特征，本书在传统遗传算法的基础上，介绍自适应遗传算法。其主要优点是在传统遗传算法的基础上，对计算环节进行优化与改进，具体改进步骤如下：

遗传算法的主要不足是需要不断优化控制参数，而整个过程花费较长时间。建立自适应遗传算法可以在解决问题时实现选择控制参数的动态自动调整。这里介绍通过模糊逻辑控制器来实现控制参数选择的动态调整。该方法的两种主要方案就是运用两个模糊逻辑控制器——交叉模糊逻辑控制器和变异模糊逻辑控制器。

这两个模糊逻辑控制器独立实施在遗传搜索过程，自适应调节交叉和变异算的概率。例如，在最小化问题中，我们可以设置平均适应度函数在 t 代改变。$\Delta f_{avg}(t)$ 具体如下所示：

$$\Delta f_{avg}(t) = \overline{f_{popSize}}(t) - \overline{f_{popSize}}(t)$$

$$= \frac{1}{popSize}\sum_{k=1}^{popSize} f_k(t) - \frac{1}{offSize}\sum_{k=1}^{offSize} f_k(t) \tag{5.1}$$

其中，$popSize$ 和 $offSize$ 分别表示亲代和子代人口规模要满足的约束条件。

$\Delta f_{avg}(t-1)$ 和 $\Delta f_{avg}(t)$ 通常用来调节 p_c 和 p_M，如图 5.7 所示。ε 和 $-\varepsilon$ 的值是接近 0 的实数［这里设定 $\varepsilon = 0.1$，$-\varepsilon = (-0.1)$］。γ 和 $-\gamma$ 的值分别为模糊隶属度函数的最大值和最小值［这里设定 $\gamma = 1.0$，$-\gamma = (-1.0)$］，如图 5.8 所示。所有的输入和输出的变量都以模糊数的隶属度函数的形式表示出来。$\Delta f_{avg}(t-1)$ 和 $\Delta f_{avg}(t)$ 的输入输出值所得到的离散结果如表 5.1 所示。

步骤：运用平均适应度函数调节 p_C 和 p_M

输入：GA参数 $p_C(t-1), p_M(t-1), \Delta f_{avg}(t-1), \Delta f_{avg}(t), \varepsilon, \gamma$

输出：$p_C(t), p_M(t)$

开始

　如果 $\varepsilon \leq \Delta f_{avg}(t-1) \leq \gamma$ 且 $\varepsilon \leq \Delta f_{avg}(t) \leq \gamma$

　这时增加 p_C 和 p_M 为了下一代

　如果 $-\gamma \leq \Delta f_{avg}(t-1) \leq -\varepsilon$ 且 $-\varepsilon \leq \Delta f_{avg}(t) \leq -\gamma$

　这时增加 p_C 和 p_M 为了下一代

　如果 $-\varepsilon \leq \Delta f_{avg}(t-1) \leq \varepsilon$ 且 $-\varepsilon \leq \Delta f_{avg}(t) \leq \varepsilon$

　这时迅速增加 p_C 和 p_M 为了下一代

输出 $p_C(t)$，$p_M(t)$

结束

图 5.7　运用平均适应度函数调节交叉和变异率

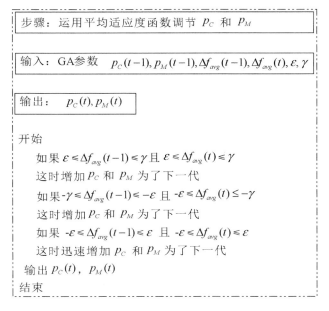

$\Delta f_{avg}(t-1)$和 $\Delta f_{avg}(t)$的隶属度函数

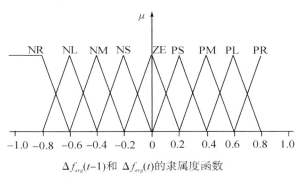

$\Delta c(t)$的隶属度函数

图 5.8　输入输出模糊逻辑控制变量隶属度函数

图 5.8 中：

NR 表示更大负值

Nl 表示较大负值

NM 表示中等负值

NS 表示较小负值

ZE 表示零值

PS 表示较小正值

PM 表示中等正值

PL 表示较大正值

PR 表示更大正值。

表 5.1   **离散输入值与输出值**

输入值	输出值
$\chi \leqslant -0.7$	-4
$-0.7 < \chi \leqslant -0.5$	-3
$-0.5 < \chi \leqslant -0.3$	-2
$-0.3 < \chi \leqslant -0.1$	-1
$-0.1 < \chi \leqslant 0.1$	0
$0.1 < \chi \leqslant 0.3$	1
$0.3 < \chi \leqslant 0.5$	2
$0.5 < \chi \leqslant 0.7$	3
$\chi > 7$	4

将 $\Delta f_{avg}(t-1)$ 和 $\Delta f_{avg}(t-1)$ 标准化在范围 $[-1.0, 1.0]$ 内。根据 $\Delta c(t)$ 对应的最大值，将其标准化在 $[-0.1, 0.1]$ 的范围内。在对 $\Delta f_{avg}(t-1)$ 和 $\Delta f_{avg}(t)$ 进行标准化处理后，将其值分配到指标 i 和 j，其相应的处理数据如表 5.2 所示。

表 5.2 标准化处理数据

$Z(i,j)$		i								
		-4	-3	-2	-1	0	1	2	3	4
j	-4	-4	-3	-3	-2	-2	-1	-1	0	0
	-3	-3	-3	-2	-2	-1	-1	0	0	1
	-2	-3	-2	-2	-1	-1	0	0	1	1
	-1	-2	-2	-1	-1	0	0	1	1	2
	0	-2	-1	-1	0	0	1	1	2	2
	1	-1	-1	0	0	1	1	2	2	3
	2	-1	0	0	1	1	2	2	3	3
	3	0	0	1	1	2	2	3	3	4
	4	0	1	1	2	2	3	3	4	4

交叉率 $\Delta c(t)$ 和变异率 $\Delta m(t)$ 的变化可通过下式计算得到:

$$\Delta c(t) = \alpha \times Z(i,j)$$

$$\Delta m(t) = \beta \times Z(i,j)$$

其中,$Z(i,j)$ 包括 $\Delta f_{avg}(t-1)$ 和 $\Delta f_{avg}(t)$ 去模糊化对应的值。

α 和 β 的值是给定的用来调节交叉率和变异率增加或降低范围的值,通常在之前的研究中确定。

为了在研究空间中增加开发和搜索的平衡,随机在 $[0.01, 0.03]$ 和 $[0.001, 0.003]$ 范围内分配 α 和 β 的值,分别在每一代 t。最终,交叉率和变异率的改变通过下式进行更新:

$$p_C(t) = \Delta c(t) + p_C(t-1), p_M(t) = \Delta m(t) + p_M(t-1)$$

此处,调整后的概率不应超过 $0.5 \sim 1.0$,因为 $p_C(t)$ 和 $p_M(t)$ 的范围是从 $0.0 \sim 0.1$。

5.2.4 建立模型

软件可靠性定量评估的一般方法是根据测试过程收集的失效数据,分析其规律。软件工程领域的复杂性和软件生产过程的多样性使软件可靠性模型更加多样化。

　　本节使用合方法是对支持向量机和自适应遗传算法的融合。自适应遗传算法与支持向量机结合了各自优点，具体如下：首先，通过累积操作将原始序列转化成一个新的数据序列，使用支持向量机对所产生的数据序列建立预测模型；其次，使用自适应遗传算法选择预测模型的最佳参数；最后，利用逆积累代预测结果来确定预测值。模型的过程如图 5.9 所示。自适应遗传算法通过全局自动优化能力找到最佳的参数以及用于支持向量机核函数的最优参数。所有这些都使计算更容易，节省了预测时间。

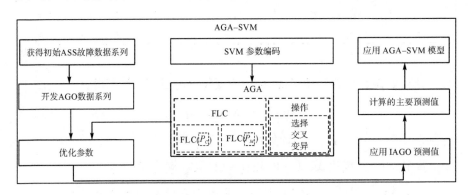

图 5.9　AGA-SVM 建模流程图

　　（1）航天器推进系统软件系统的故障初始数据预处理。初始收集的软件系统故障数据表示为 $R^{(0)}$，$R^{(0)} = \{ r^{(0)}(1), r^{(0)}(2), \cdots, r^{(0)}(n) \}$，式中 $r^{(0)}(i) > 0$（$i = 1, 2, \cdots, n$）定义为第 i 个故障的值。从最初的数据序列中的常规积累，这样就产生一个数据序列 $R^{(1)} = \{ r^{(1)}(1), r^{(1)}(2), \cdots, r^{(1)}(n) \}$，$r^{(1)}(k) = \sum_{i=1}^{k} r^{(0)}(i)$，$i = 1, 2, \cdots, n$，$k = 1, 2, \cdots, n$。新的数据序列作为自适应遗传算法的学习样本。

　　软件系统的复杂性以及每个模块或组件之间的复杂关系导致故障数据的随机和无序。因此，累计产生的操作采用原来的无序数据，以便找到隐藏的内部关系。为了实现目的，需要使用生成的数据建立 AGA-SVM 预测模型。

（2）选择预测模型的核函数。不同的内核功能和参数对支持向量机预测模型性能有很大的影响。在一定程度上，选择适当的核函数，可以相对容易地消除不平衡样品引起的不利影响。常用的内核函数有多项式内核函数、径向基函数（RBF）的内核函数。每个不同的核函数确定不同的非线性变换和特征空间，这些具有不同的分类效果。常见的内核功能有如下几种：

①内积核函数，$k(r_i, r) = (r_i \cdot r)$；

②多项式核函数，$k(r_i, r) = [(r_i \cdot r) + 1]^q$；

③径向基核函数，$k(r_i, r) = \exp\{-|r_i - r|^2/2\sigma^2\}$；

④多层感知机核函数，$k(r_i, r) = \tanh[a(r \cdot r_i) + b]$。

在对比分析不同的内核功能、考虑航天器软件复杂性以及来自传感器的大量数据后，选取径向基函数（RBF）的内核函数来支撑支持向量机的预测模型，因为它具有很强的非线性预测能力，可以实现更好的预测结果。参数 σ 在下面的步骤确定。

（3）使用自适应遗传算法选取参数。支持向量机的参数选取是很重要的，因为这些参数对支持向量机性能有显著影响，如核函数参数 σ、调整参数 C 和回归逼近误差控制参数 ε。许多研究人员都十分关注支持向量机的参数选取。Cherkassky 和 Ma 提出的计算表达式中 C 和 ε 为参数选择问题提供了有效的解决方法[87]。Cristianini 等使用内核校准方法来快速确定内核参数，但是并没有涉及参数 C 和 ε 的选取[92]。Keerthi 和 Lin 发现内核参数和 C 之间的函数关系，并将一个二维优化问题转换为两个一维优化问题[140]。

遗传算法也常用于选取最优参数。遗传算法的一个主要问题就是找到最优控制参数值，因此，在运行的过程中出现的不同值是必要的。由于航天器推进系统软件系统的复杂性，使用遗传算法的主要弱点表现为效率低、耗时长。这些弱点导致航天器推进系统软件系统健康管理时间成本相对较高，而自适应遗传算法能够使得所选择的控制参数可以对一个问题的解决方案在进化过程中进行动态调整。Neungmatcha 等（2015）描述了使用两个模糊逻辑控制的方案，分别为交叉模糊逻辑控制和突变模糊逻辑控制[172]。这两个模糊逻辑控制独立地实施于遗传搜索过程中，以自适应调节交叉和变异操作者的速率。这里的适应度评价函数定义为

$$\frac{1}{n} \sum_{i=1}^{n} \left| \frac{R - \hat{R}}{t} \right|$$

式中，R，$\hat{R}$ 表示初始值和预测值。

（4）$R^{(1)} = \{ r^{(1)}(1), r^{(1)}(2), \cdots, r^{(1)}(n) \}$ 是给定的所产生的数据系列，其中 r_t 通过映射 $f: D^m \rightarrow D, r_{t+1} = f[r_t, r_{t-1}, \cdots, r_{t-(m-1)}]$ 用于预测 r_{t+1}，m 是嵌入式维度，即模型阶。所以，预测学习样本可以通过转化后获得。最终的预测误差（FPE）被用来评估该模型的误差和选择的 m 值。

$$FPE(m) = \frac{d+m}{d-m} \sigma_a^2 \qquad (5.2)$$

$$\sigma_a^2 = E(a_d) = \frac{1}{d-m} \sum_{t=m+1}^{r} \left[d_t - \sum_{i=1}^{d-m} (\alpha_i - \alpha_i^*) K(r_i, r_t) + b \right]^2$$

d 是训练样本的数目，α 和 α^* 是拉格朗日乘数，K 是内积函数。在确定支持向量机预测的拓扑结构后，根据支持向量机学习样本的用途来进行培训，导出 α、α^* 和 b 的值，由此得到回归函数。

$$f(r) = \sum_{SV} (\alpha_i - \alpha_i^*) K(r_i, r) + b \qquad (5.3)$$

式中，$t = m+1, \cdots, d$。将 α、α^* 和 b 的值代入公式（5.3）中，最终确定回归函数。

（5）计算预测值。将数据系列 $R^{(1)}$ 代入上述预测模型中得到 $\hat{R}^{(1)}$。

$$\hat{r}_{d+1} = \sum_{i=1}^{d-m} (\alpha_i - \alpha_i^*) K(r_i, r_{d-m+l}) + b \qquad (5.4)$$

式中，$r_{d-m+l} = \{ r_{d-m+l}, \cdots, \hat{r}_{d+1}, \cdots, \hat{r}_{d+l-1} \}$。$\hat{R}^{(1)}$ 在公式（5.4）中的数据系列 $\hat{R}^{(1)}$ 就是累积产生数据系列 $R^{(1)}$ 的预测值。逆向累积产生从 $\hat{R}^{(1)}$

开始。预测模型中的原始数据序列 $R^{(0)}$ 的获得过程如下：

$$\hat{R}^{(0)}(k+1) = \hat{r}^{(1)}(k+1) - \hat{r}^{(1)}(k) \qquad k = n+1, n+2, \cdots \qquad (5.5)$$

式中，$\hat{R}^{(0)}$ 是 $R^{(0)}$ 的预测值。

5.3 应用分析

这里，给出一个算例来说明所提出的 AGA-SVM 模型的预测性能。正如前文所述，平均失效间隔时间与缺陷和故障紧密相关，航天器推进系统软件系统的可靠性随时间而变化。因此，将航天器推进系统软件系统平均失效间隔时间作为预测样本，如表 5.3 和图 5.10 所示。表 5.3 中数据包含了观测到的 100 个航天器推进系统软件系统的时间序列 (t, FPT_t)。FST_t 数据被分成两个训练集，通过计算，30 个 FST_t 值如表 5.4 和图 5.11 所示。

表 5.3 　　　　　　　　　100 FST 历史数据 　　　　　　单位：秒

t	FST_t	t	FST_t	t	FST_t	t	FST_t	t	FST_t	t	FST_t
1	8.63	18	9.38	35	9.49	52	12.61	69	12.28	86	11.38
2	9.15	19	8.61	36	8.13	53	7.16	70	11.96	87	12.21
3	7.96	20	8.78	37	8.68	54	10.01	71	12.02	88	12.28
4	8.64	21	8.04	38	6.46	55	9.86	72	9.30	89	11.37
5	9.98	22	10.91	39	8.01	56	7.87	73	12.50	90	11.41
6	10.19	23	7.56	40	4.71	57	8.64	74	14.56	91	14.42
7	11.76	24	11.04	41	10.01	58	10.58	75	13.33	92	8.34
8	11.67	25	10.12	42	11.02	59	10.93	76	8.95	93	8.08
9	6.94	26	10.18	43	10.87	60	10.67	77	14.78	94	12.21
10	7.49	27	5.92	44	9.48	61	12.51	78	14.89	95	12.79
11	10.63	28	9.50	45	11.03	62	11.37	79	12.14	96	13.16
12	7.86	29	9.62	46	10.86	63	11.92	80	9.79	97	12.76
13	8.69	30	10.43	47	9.48	64	9.58	81	12.11	98	10.36
14	9.29	31	10.64	48	6.67	65	10.46	82	13.12	99	13.85

表5.3(续)

t	FST_t	t	FST_t	t	FST_t	t	FST_t	t	FST_t	t	FST_t
15	8.35	32	8.34	49	9.31	66	12.73	83	12.30	100	12.49
16	9.11	33	10.39	50	10.36	67	12.61	84	12.72		
17	9.61	34	11.32	51	10.11	68	12.10	85	14.21		

表5.4　　　　　　　　　　　　验证组样本　　　　　　　　　单位：秒

	1	2	3	4	5	6	7	8	9	10
FST_t	12.02	9.30	12.50	14.56	13.33	8.95	14.78	14.89	12.14	9.79
t	11	12	13	14	15	16	17	18	19	20
FST_t	12.11	13.12	12.30	12.72	14.21	11.38	12.21	12.28	11.37	11.41
t	21	22	23	24	25	26	27	28	29	30
FST_t	14.42	8.34	8.08	12.21	12.79	13.16	12.76	10.36	13.85	12.49

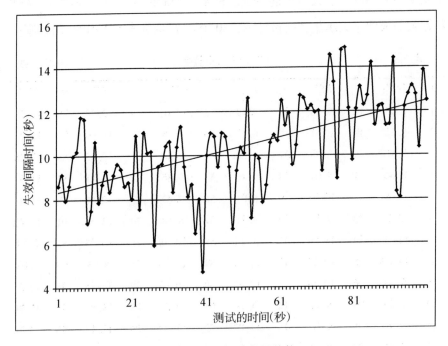

图5.10 *FST* 历史数据趋势

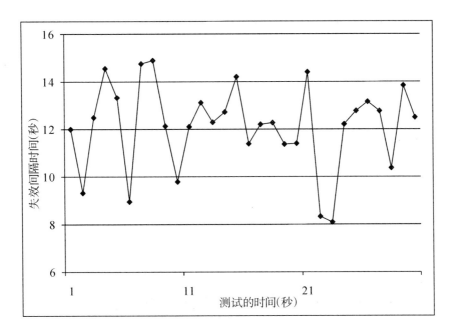

图 5.11　验证集合样本数据趋势

5.3.1　预测结果

在模型中，将 100 个历史数据值分成两部分：70 个数据作为训练集，30 个数据作为验证集。自适应遗传算法用来计算交叉概率 $p_c = 0.6$，变异概率 $p_m = 0.2$，遗传代数的最大数目 $\max Gen = 1\,000$。另外，根据前文提到的适应度函数：

$$\frac{1}{n} \sum_{i=1}^{n} \left| \frac{R - \hat{R}}{t} \right|$$

在运行自适应遗传算法后，适应度函数有明显的收敛，如图 5.12 所示，取每一代的最佳适应值作为纵轴，迭代作为水平轴。因此，选取的最优参数 $\sigma = 0.66$，$\varepsilon = 0.000\,1$，$C = 1\,000.26$。在原有历史数据最优长度选取后，用预测误差方法进行预测并使用 AGA-SVM 自适应增加或减少方法更新原始历史数据，以实现动态预测。

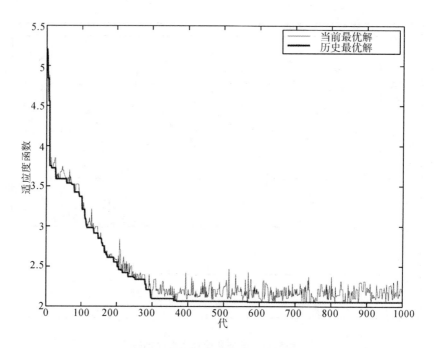

图 5.12 当前最优解与历史最优解的比较

考虑到动态预测的潜在确定因素，该模型采用多步预测策略，主要包含 5 个预测步骤。上面采用的方案不仅能保证高度精确的预测，而且还可以降低所需计算量。

AGA-SVM、GA-SVM 和 ANN 三种方法的预测结果如表 5.5 所示。验证组中的 30 个样品用于比较和评价。

表 5.5　　　　　　　　　　三种方法的预测结果

t	实际值	AGA-SVM	ANN	GA-SVM
1	12.02	12.81	13.68	13.96
2	9.30	10.80	8.23	7.64
3	12.50	12.78	10.45	14.28
4	14.56	13.99	15.72	15.73
5	13.33	13.67	14.26	10.67
6	8.95	9.65	8.46	8.12

表5.5(续)

t	实际值	AGA-SVM	ANN	GA-SVM
7	14.78	14.01	12.46	12.46
8	14.89	15.71	15.81	15.36
9	12.14	12.55	11.64	9.43
10	9.79	9.70	9.01	8.19
11	12.11	11.11	13.24	14.56
12	13.12	13.68	14.68	10.38
13	12.30	12.23	10.37	11.78
14	12.72	12.45	13.01	10.39
15	14.21	14.38	13.83	12.41
16	11.38	11.64	10.65	8.06
17	12.21	12.89	13.99	14.67
18	12.28	13.01	12.67	11.29
19	11.37	10.34	10.94	13.79
20	11.41	11.63	11.38	12.08
21	14.42	12.45	15.06	10.49
22	8.34	9.34	8.96	11.94
23	8.08	8.09	7.68	9.05
24	12.21	11.79	13.54	11.52
25	12.79	13.11	12.03	8.42
26	13.16	12.42	12.88	15.28
27	12.76	10.43	11.06	12.48
28	10.36	8.34	9.25	7.49
29	13.85	13.65	14.78	14.27
30	12.49	12.78	13.60	13.53

5.3.2 性能分析

将其他模型的处理结果与本模型的处理结果的性能进行对比研究。将 AGA-SVM 模型、ANN 模型和 GA-SVM 模型的结果进行比较，如图 5.13 所示。

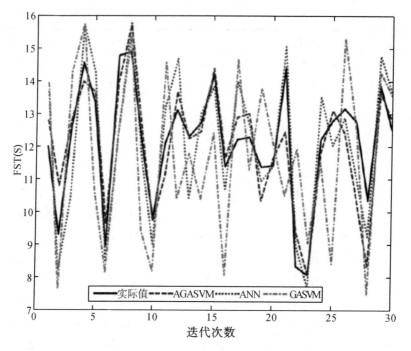

图 5.13　不同方法预测结果对比图

由图 5.13 可以看出，ANN 在时间数据集成上存在严重失真，因为它只能适应预测指数数据系列。然而，AGA-SVM 模型能够避免这个问题，因为它能增强数据的规律性。我们通过它削弱了随机扰动的原始数据累积产生操作，并发现无序原始数据隐藏的内部关系。另外，支持向量机的优势也体现在 GA-SVM，如小样本学习。因此，AGA-SVM 被证明具有最好的预测性能。

根据以下几个方面的数据对预测模型进行分析：平均绝对误差百分比（MAPE）、标准化均方根误差（NRMSE）和均方根相对误差（RMSRE）。

平均绝对误差百分比可用于分析和评价预测模型的近似能力。标准化均方根误差和均方根相对误差用于评估模型模拟真实性的能力和观察到的变异性。预测模型的评价结果如表 5.6 所示，从表中可以看出：

ANN（MAPE）>GA-SVM（MAPE）>AGA-SVM（MAPE）；

ANN（NRMSE）<GA-SVM（NRMSE）<AGA-SVM（RMSRE）；

ANN(RMSRE)>GA-SVM(RMSRE)>AGA-SVM(RMSRE)。

表 5.6　　　　　　　　　　　预测模型效果评估

预测 模型	评估指标		
	MAPE	NRMSE	RMSRE
ANN	43.104	0.264	0.618
GA-SVM	22.146	0.582	0.326
AGA-SVM	10.601	0.791	0.041

　　由此看出，AGA-SVM 在平均绝对误差百分比、标准化均方根误差和均方根相对误差方面都具有最好的性能。这些结果不仅显示实际值与预测值之间有着密切关系，同时表明 AGA-SVM 模型能有效地预测航天器推进系统软件系统的可靠性。

5.4　本章小结

　　航天器推进系统软件系统健康管理通过提供持续的健康状况监测，以避免灾难性的软件故障，并提供警告。航天器推进系统软件系统的可靠性预测是健康管理中的关键过程。总的来讲，已经有许多方法被用来预测航天器推进系统软件系统的可靠性，但单一的预测方法已无法满足现代复杂航天器推进系统的要求。本书使用 AGA-SVM 模型，结合自适应遗传算法与标准支持向量机模型对软件系统的可靠性结果进行了论证。数值算例表明，选择支持向量机的参数能够增加模型的预测性能，因为最优参数使得模型预测过程更快，这对于集成健康管理系统尤为重要。通过与其他模型的处理结果进行比较研究，可以看出该模型具有比人工神经网络或标准支持向量机更好的性能，因此该模型能够对航天器推进系统软件系统工程建模提供高效可靠的技术支撑。

6　发动机系统剩余寿命预测

作为航天器的心脏，航天器推进系统发动机系统的状态直接影响航天器的安全性、可靠性和操作性。发动机系统故障预测与健康管理可以提供故障预警并估计剩余使用寿命。然而，发动机系统因为无形的和不确定的因素而具有高度复杂性，以至于难以模拟其复杂的降解过程，而且没有可以有效解决这一关键和复杂问题的单一的预测方法。因此，本章引入融合预测方法，拟通过该方法获得更精确的预测结果。本章以故障预测与健康管理为导向的一体化融合预测为框架，提高了系统的状态预测的准确性。该框架战略性地融合了监控传感器数据和集成数据驱动的优势预测方法和以经验为基础的方法，充分发挥各方法的优势。最后，通过算例，采用基于传感器数据预测开发融合预测框架对飞行器燃气涡轮发动机的剩余使用寿命进行预测。结果表明，该融合预测框架是一种有效的预测工具，相对于其他几种传统的单一的预测方法，这种方法可以提供更精确和更可信的剩余寿命估算。

6.1　问题分析

现代航空技术的飞速发展使对质量和可靠性有更高要求的航天器系统越来越复杂[223]。航天器推进系统的发动机系统是航天器的心脏，其质量直接影响航天器的安全性、可靠性和操作性。预测和监测活动是基于运行历时数据进行的，所以它需要将许多不同类型的传感器安装在发动机上，或者在发动机内，以感测各种物理参数（如操作温度、油温度、振动、压力等）和监视飞行器发动机系统的运行和与发动机操作相关联的环境条件[111]。该部分利用航天器系统的健康状况来检测航天器发动机性能、降低故障率、预测剩余使用寿命（RUL）成为迫切需要。在可利用的技术和方法范围内，最有优势的能够解决潜在可靠性和可维护性等安全问题的方法就是所谓的预测与健康管理（PHM）[83,167]。

预测与健康管理是一种综合集成方法，它评估系统在实际应用条件下的系统可靠性，目的是最大化目标系统的可利用性和安全性[238]。预测与健康管理凭借其高效预测技术已经应用到各种系统中，如航空电子设备[178]、工业系统[169]和电子系统[181]。最近几年，在面向预测与健康管理框架下的已经采用延长系统使用寿命和诊断间歇性故障的手段进行飞行器发动机故障警告研究[148]。预测与健康管理系统作为发动机系统健康管理的核心，其目的是确定潜在的风险，并为故障风险排除提供必要的信息[210]。因此，解决航天器发动机预测问题是非常重要和迫切的。通常，这个领域的研究可以分为三大类：基于模型的预测方法、基于经验的预测方法、数据驱动预测方法[146,229]。一般而言，基于模型的预测方法是在对被监控系统进行数学建模的基础上进行的，但对复杂的系统往往难以建模（例如飞行器发动机）[186]。基于经验的预测方法通过知识的经验积累，使用概率或随机模型降解数据，但由于需适应发动机动力输出的复杂过程，其结果往往不够准确[209]。数据驱动方法分析和探讨了传感器数据，关注于数据组的参数和目标，把原始监测传感器的数据转化成相关行为的模式。这种方法的缺点是，它过分依赖训练数据而无法进行系统故障区分[213]。上述的每个方法都具有优点和局限性，因此，单一的预测方法难以保证航天器推进系统发动机系统的预测与健康管理的有效性。

6.1.1 背景介绍

航天器的发动机系统具有复杂的退化过程，获得可靠的传感器数据和足够的经验数据比构建分析行为模型更容易[102,174,223]。因此，基于模型的方法并不适合航天器推进系统发动机系统的剩余寿命预测。此外，基于经验的和数据驱动的方法各有一些优势和一定的局限性，所以这两个方法都不能解决所有以预测与健康管理为导向的航天器推进系统发动机系统的剩余寿命预测问题。为获得更精确、合理的结果，在最近的研究中引入融合预测的概念[100,146,229]。大部分研究涉及一个基于模型的和数据驱动的融合预测的方法。Liu 等人将数据模型融合预测框架用于预测锂离子电池的剩余寿命，以提高系统状态预测的准确性[153]。Cheng 和 Pecht 提出融合数据驱动的故障和物理学的方法来预测电子产品 RUL[86]。然而，较少有研究关注数据驱动和经验依据预测方法，或者将融合预测用于航天器推进系统发动机系统剩余寿命预测。为解决该类问题，本章建立了一个以预测与健康管理为导向的航天器推进系统发动机剩余寿命集成融合预测框架。该框架旨在从许多类型的传感器上最大限度地提取有意义的数据信息，并结合使用基于经验和数据驱动两种方法。航天器推进系统发动机系统的寿命预测问题对航天器综合系统健康管理具有重要的意义，它决定了航天器能否在复杂环境中顺利排除故障，保障航天器任务的达成。接下来，本书就航天器发动机系统的诊断问题从概念框架和系统描述等方面进行研究。

6.1.2 系统框架

由于系统结构的复杂性、大量的传感器数据参数及竞争失效机制，航天器推进系统发动机系统的预测与健康管理是一个复杂的系统任务。它包含了状态监测的功能、健康评估、故障诊断、故障过程的分析、预测和维护决策支持[238]，其概念框架如图 6.1 所示。

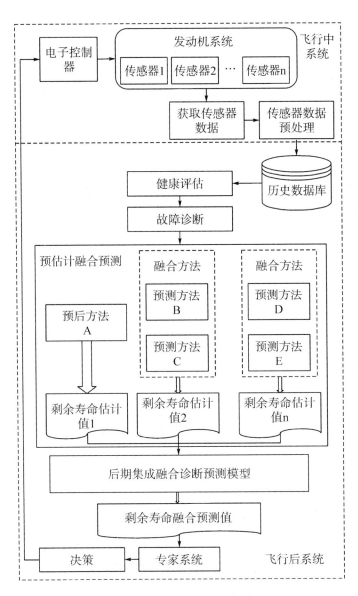

图 6.1 航天器推进系统发动机系统健康管理概念框架

发动机系统预测与健康管理概念架构包含了两个子系统——飞行中的系统和飞行后的系统。飞行中的系统包括许多类型的传感器（如温度传感器、压力传感器、振动传感器、距离传感器和位置传感器等）和适当的信号调节电路[61]。信号调节电路接收来自条件传感器信号并进行进一步处理[217]。然后，通过数据预处理来融合数据信息，以获取更有价值的信息。数据信息和特征值都被存储在历史数据库中。飞行后的系统是由健康评估程序、故障诊断过程、预测过程和人机交互界面组成。健康评估程序接收和融合来自历史数据库的数据信息，并分析发动机系统的健康状态趋势。故障诊断程序的目的是完成发动机的症状检测、故障诊断、故障定位和排序。预测过程分为两个阶段——预估计融合预测和估计后综合预测。预估计融合预测阶段接收来自故障诊断过程的信息，并融合多个独立预测方法获得不同剩余寿命估算值。估计后的综合预测阶段融合不同的剩余寿命估算值来估计剩余寿命和分析发动机的健康趋势。人机交互界面融合来自预测程序的信息，并进行决策，将信息反馈到电子控制器来调整推进系统发动机系统。

剩余使用寿命预测是在推进系统发动机系统预测与健康管理中最常见和重要的任务。它可以通过为决策者提供信息、改变操作特征（如负载）来延长组件的生命[204,224]，保障发动机系统健康运行。然而，由于结构复杂，其剩余使用寿命预测难度较大。单个组件的剩余使用寿命可能很长，但在这个复杂系统里有许多组件是相互关联的，它们的相互作用会对发动机系统剩余使用寿命产生影响[63]。为了提高剩余使用寿命预测的准确性，本书提出以预测与健康管理为导向的融合预测框架，其融合了依据经验和数据驱动的预测方法。依据经验的方法可以利用数据和经验知识积累，数据驱动的方法能够充分利用监测传感器的数据。融合预测是这两种不同方法的合成，包括优势融合和克服各自的局限性。下文将分析融合预测如何使剩余使用寿命预测的准确性大大提高。

6.2 方法体系

综上所述，基于预测与健康管理的航天器推进系统发动机系统剩余使用寿命预测是复杂的系统工程。本节从预测方法及模型构建两个方面来介绍融合预测方法。

6.2.1 预测方法

通常的剩余使用寿命预测所使用的方法包括 DSR 预测、SVM 预测、RNN 预测三种。

6.2.1.1 DSR 预测

DSR 模型首先对训练传感器数据集 X 中的质量函数 m 进行计算，假设 X 为输入传感器数据，y 是相应的目标输出。输入向量 X 的相邻样本 $e_i = (x_i, m_i)$ 是响应输出 y 的相关信息来源。

关于 y 的模糊信任分配（FBA）用 $m_y[x, e_i]$ 表示。假设变量 y 的相关性信息取决于被合适的距离函数衡量的向量 x 和 x_i 之间的不同。根据距离函数，如果 x 接近于 x_i，预计 y 接近 y_i。

其中，$m_y[x, e_i]$ 被定义为 $m_y[x, e_i]$：

$$m_y[x, e_i](A) = \begin{cases} m_i(A)\phi(\parallel x-x_i \parallel), & \text{if } A \in X(m_i)/\{X\} \\ 1-\phi(\parallel x-x_i \parallel), & \text{if } A = X \\ 0, & \text{otherwise} \end{cases} \qquad (6.1)$$

其中，ϕ 是从 R^+ 到 $[0,1]$ 的递减函数，

$$\parallel x-x_i \parallel = [(x-x_i)^T \sum{}^{-1} (x-x_i)]^{1/2} \qquad (6.2)$$

$\sum$ 是一个对称正定矩阵。

ϕ 的自然选择是：

$$\phi(\parallel x-x_i \parallel) = \gamma \exp(-\parallel x-x_i \parallel^2) \tag{6.3}$$

其中，$\gamma \in [0,1]$ 是调整参数 ≥ 0.9。

最后，将 FBA 和推导出的预测输出 $\hat{y}$ 进行融合。获取 FBA 的折扣信息 m_i 后，组成了被 FBA 连接规则训练集提供信息的每个元素。为获得预测输出 $\hat{y}$，对 FBA 进行标准化运算。

6.2.1.2 SVM 预测

在训练传感器数据集 $X = \{(x_i,d_i), i=1,\cdots,n\}$ 的基础上（其中，$x_i \in R^n$ 是输入传感器数据，$d_i \in R$ 是目标值，n 是训练集的数量），训练 SVM 机制等价于求下式的回归函数：

$$f(x) = \sum_{i,j=1}^{n} (\alpha_i - \alpha_i^*)k(x_i, x_j) + b \tag{6.4}$$

其中，$k(x_i,x_j)$ 是正定核函数；α_i，α_i^* 和 b 是该模型的参数。为了找到 α_i，α_i^* 以及 $i=1,\cdots,l$，需要解决下面的最小化问题：

$$\min R(\alpha,x) = \frac{1}{2}\sum_{i,j=1}^{n} (\alpha_i - \alpha_i^*)(\alpha_j - \alpha_j^*)k(x_i,x_j)$$

$$+ \varepsilon \sum_{i=1}^{n} (\alpha_i + \alpha_i^*) - d\sum_{i=1}^{n} (\alpha_i - \alpha_i^*) \tag{6.5}$$

$$\text{s.t.} \begin{cases} \sum_{i=1}^{n} (\alpha_i - \alpha_i^*) = 0 \\ \alpha_i, \alpha_i^* \in [0,C] \end{cases} \tag{6.6}$$

其中，ε 和 C 是超参数。

考虑到发动机系统的复杂性和从众多传感器搜集来的大量数据，选择具有很强的非线性预测能力的径向基函数（RBF）的核函数，因为它能够有效地解决这个问题。

$$k(x_i,x_j) = \exp\left\{-\frac{|x_i-x_j|^2}{2\sigma^2}\right\} \tag{6.7}$$

其中，σ 是宽度参数。

测试传感器数据被输入到训练后的 SVM 并计算剩余使用寿命的预测值：

$$\tilde{y} = f(x) = \sum_{x_{i,j} \in \mathbf{Z}}^{n} (\alpha_i - \alpha_i^*) k(x_i, x_j) + b \tag{6.8}$$

6.2.1.3 RNN 预测

RNN 模型由四个层次组成，即输入层 I、回归层 R、语义层 C 和输出层 O。让 $I_{(t)}$、$R_{(t)}$ 和 $O_{(t)}$ 作为输入传感器数据，在时间 t 的回归层和输出层活动。第 i 个回归单元的输入网络可以进行如下处理：

$$\tilde{R}_{(t)}^i = \sum_j W_{RI}^{ij} I_{(t)}^j + \sum_j W_{RC}^{ij} R_{(t-1)}^j \tag{6.9}$$

假设逻辑 S 形函数作为激活函数 f，然后可以计算第 i 个重复单元的输出活动为

$$R_{(t)}^i = f(\tilde{R}_t^i) = [1 + \exp(-\tilde{R}_{(t)}^i)]^{-1} \tag{6.10}$$

第 i 个单元的传感器数据网络输入和航天器推进系统发动机系统剩余使用寿命预测值输出分别计算如下：

$$\tilde{O}_{(t)}^i = \sum_j W_{OR}^{ij} R_{(t)}^j \tag{6.11}$$

和

$$O_{(t)}^i = f(\tilde{O}_{(t)}^i) = [1 + \exp(-\tilde{O}_{(t)}^i)]^{-1} \tag{6.12}$$

6.2.2 模型构建

在对推进系统发动机系统的构成和故障原理进行分析的基础上，结合各种寿命预测的方法，构建发动机系统的剩余使用寿命预测模型。

6.2.2.1 融合预测框架

为了预测航天器推进系统发动机系统的剩余使用寿命，需要有效地识别维护计划，并提出基于传感器数据的预测和健康管理的融合框架，如图 6.2 所示。

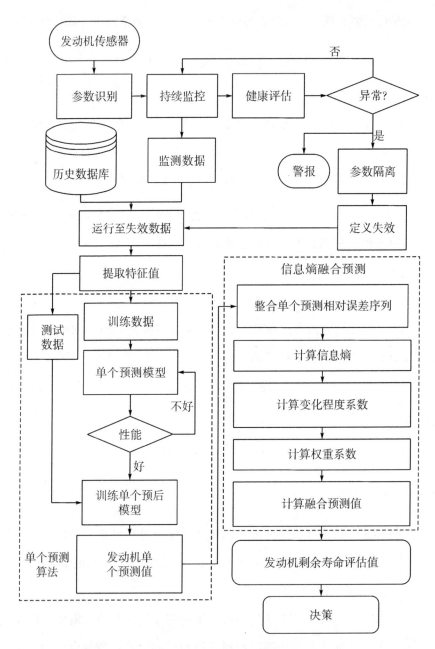

图 6.2　推进系统发动机系统剩余使用寿命预测概念框架

第一步，参数识别。融合预测框架的第一步是确定监视器的参数。一般情况下，这些参数可以是任何可用变量，包括操作、环境负荷和性能参数。在众多参数中，只有那些对安全至关重要的或可能引起灾难性失败的参数需要监测。失效模式、机制和效用分析（FMMEA）可以用来确定发动机系统需要监测的关键参数[181]。

第二步，参数监测和数据预处理。发动机系统在生命周期所有阶段都需要通过传感器确定参数监测。这些传感器帮助评估发动机的结构完整性。例如，监测进气和排气碎片、声学传感器、振动传感器、高带宽多轴振动、叶尖间隙监视器。其中不乏监测传感器数据的问题，如数据异常分布和不准确数据的出现。如果不对各种类型的数据进行预处理，那么就无法确定传感器的数据问题，因此对数据进行预处理十分必要[104]。

第三步，健康基准线的设置和健康评估。发动机系统的健康基准线由代表所有可能的变化的健康运行参数数据集合组成。这些基准数据来自于不同的操作状态和加载条件下的传感器，或者是基于最初的规范和标准[86]。对发动机系统做健康评估是通过比较监测传感器数据和健康基线来检测发动机系统是否异常。如果有任何异常被检测到，便发出警报，则第四步到第八步将被执行。如果没有检测到异常，则程序重复第二步。

第四步，参数隔离和失效定义。检测到的异常可能由单个参数导致，也有可能由多个参数的组合导致。参数隔离有助于识别这些有显著异常的参数，其方法主要为主成分分析、期望值最大化和最大似然估计[181]。失效定义是一个定义孤立参数的失效准则过程[86]。

第五步，运行故障数据处理。运行故障数据包含发动机系统的健康状态的大量信息。按照失效的定义，发动机系统的失效数据包含来自历史数据库的经验数据和监测传感器获得的数据。运行故障数据可能包括均值、标准偏差、发动机系统健康状态值[181]。特征值提取能获得一个好的特性信息，代表发动机系统从健康到失败的环境。运行故障数据分为训练数据集 X 和测试数据集 Z。

第六步，个体预测算法的选择。对运行故障数据处理后，需从发动机系统的经验数据和数据驱动方法中选择适当的个体预测算法以预测剩余使用寿命。经验数据算法包括贝叶斯方法和 Dempster-Shafer 回归（DSR）等[120]。在这些方法中，DSR 是贝叶斯方法的延伸，能够克服贝叶斯方法的不稳定预测问题[175]。

选择了 DSR、SVM 和 RNN 预测算法后，对包括目标值的传感器数据进行训练。将它们放进这三种算法分别进行训练。然后，计算输出值和目标值之间的误差。如果误差小于给定阈值，说明预测算法的性能良好。如果不是，则重复以上训练步骤。将测试传感器数据放入第三步中，通过受训个体预测算法分别计算出相应的剩余使用寿命的预测值。

在这三个独立预测算法中，DSR 能够很好地利用数据和经验积累知识，但它并没有考虑到发动机系统故障的动态过程，因而不能准确预测结果[175]。无论是 SVM 和 RNN 都可以充分利用传感器监控数据，而 RNN 具有较强的非线性拟合能力，能够映射出任何复杂的非线性关系，且其学习规则比较简单[119]。但是，RNN 模型依赖于大量的训练数据，这往往会导致过度的学习。此外，RNN 容易陷入局部最优，往往不能获得最优解。SVM 有着严格的理论和数学基础，不会过分依赖于训练数据量，能够有效地克服 RNN 缺点[183]。然而，对于 SVM 来说，不同的训练数据集所适合的核函数和参数选择仍然是未解决的问题。此外，SVM 难以处理大规模的训练样本数据[71]。

第七步，以熵为基础的融合预测模型。由于三个个体预测的算法都有其自身的优点和局限性，每个预测结果只能根据具体的条件达到相应精度和合理性。因此，拟采用一个以熵为基础的融合预测模型，将这三种方法进行集成，吸取各种方法的优点，同时克服其各自的局限性。

信息熵理论的基本思想如下：对单个预测模型，如果其预测误差序列变异程度很大，相应的融合预测权重就较小[137]。基于信息熵的融合模型模拟过程如下：

假设有 m 个预测方法可以预测发动机系统的剩余使用寿命，第 i 个预测方法在时间 t_i 预测的值为 x_{it}（$i=1,2,\cdots,m$；$t=1,2,\cdots,N$）。第 i 个预测方法在时间 t 预测的相对误差是：

$$e_{it}\begin{cases}1, & \text{when } |(x_t-x_{it})/x_t| \geqslant 1 \\ \left|\dfrac{x_t-x_{it}}{x_t}\right|, & \text{when } 0 \leqslant |(x_t-x_{it})/x_t| < 1\end{cases} \quad (6.13)$$

显然 $0 \leqslant e_{it} \leqslant 1$。

首先，每个单独的预测方法的相对预测误差序列是成组的，即第 i 个个体在时间 t 的相对预测错误的比例能够被计算为

$$p_{it} = \frac{e_{it}}{\sum\limits_{t=1}^{N} e_{it}}, \quad t=1,2,\cdots,N \quad (6.14)$$

其次，第 i 个预测方法的相对误差序列的信息熵值 h_i 能够通过下式计算：

$$h_i = -k \sum_{t=1}^{N} p_{it} \ln p_{it}, \quad i=1,2,\cdots,m \quad (6.15)$$

其中，k 是常数且 $k>0$，$h_i \geqslant 0$，$i=1,2,\cdots,m$。对于第 i 个个体的预测的方法，如果所有的 p_{it} 是相等的，即 $p_{it}=1/N$，$t=1,2,\cdots,N,h_i$，那么取最大值，即 $h_i=k\ln N$。当 $k=1/\ln N$，则有 $0 \leqslant h_i \leqslant 1$。

最后，计算第 i 个个体的变化程度系数 d_i。由于 $0 \leqslant h_i \leqslant 1$，根据预测错误序列的信息熵值规模与它的变化程度相反的规则，相对预测误差序列第 i 个个体的变化程度系数 d_i 定义如下

$$d_i = 1-h_i, \quad i=1,2,\cdots,m \quad (6.16)$$

计算每个单独的预测方法的加权系数 ω_i：

$$\omega_i = \frac{1}{m-1}\left(1 - \frac{d_i}{\sum\limits_{i=1}^{m} d_i}\right), \quad i=1,2,\cdots,m \quad (6.17)$$

权重系数满足 $\sum\limits_{i=1}^{m} \omega_i = 1$。

对航天器推进系统发动机系统剩余使用寿命融合预测值 $\hat{y}_t$ 进行计算：

$$\hat{y}_t = \sum_{i=1}^{m} \omega_i x_{it}, \quad t = 1, 2, \cdots, N \tag{6.18}$$

第八步，决策。发动机系统监督管理决策者能够根据剩余使用寿命的融合预测结果和引起报警的故障做出相应的决定，并将信息反馈到电子控制器，以调整航天器推进系统。

6.3　应用分析

以信息熵为基础的融合预测框架被应用于预测基于传感器数据的燃气涡轮发动机系统的剩余使用寿命。燃气涡轮发动机具有一个内置的控制系统，包含一个风扇调速器以及一组校准器和限制设备。限制设备包括三个高限稳压器，防止超出其核心速度、发动机压比和高压涡轮（HPT）出口的温度的极限；限制调节器能防止高压压气机（HPC）出口的静压太低以及加速和减速限制器的核心速度[191]。图 6.3 展示出了燃气涡轮发动机模型的主要组成，包括风扇、低压压气机（LPC）、HPC、低压涡轮机（LPT）、HPT、燃烧室和喷嘴。

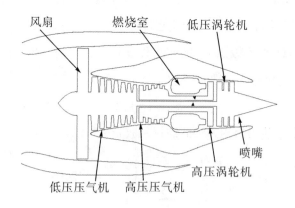

图 6.3　燃气发动机简化图

6.3.1 数据融合

推进系统燃气涡轮发动机系统的剩余使用寿命与它的环境息息相关。要监测推进系统燃气涡轮发动机系统的情况，可以使用若干种信号，如温度、压力、速度和空气比。这里共有 21 个传感器分别安装在推进系统发动机的不同组件上（风扇、LPC、HPC、LPT、HPT、燃烧室和喷嘴）来监测航天器推进系统发动机系统的健康条件。从上述的传感器获得的 21 个传感器信号在表 6.1 中详述。在这 21 种传感器信号中，一些信号含有很少或没有降解其他传感器信息，甚至一些传感器数据被测量噪声污染了。为了改善剩余使用寿命的预测精度和效率，必须仔细选择重要的监测信号，表征航天器推进系统燃气涡轮发动机系统的健康预测降解行为。通过观察 21 种传感器信号的降解行为，我们选择了其中七个（2，4，7，8，11，12，和15）。Wang 等给出了详细的选择标准[221]。

表 6.1 推进系统燃气轮机传感器信号描述

指标	样本	描述	单位
1	T2	风机入口总温度	°R
2	T24	低压压气机出口总温度	°R
3	T30	高压压气机出口总温度	°R
4	T50	低压涡轮机出口总温度	°R
5	P2	风机入口压力	psia
6	P15	涵道总压力	psia
7	P30	高压压气机出口总压力	psia
8	Nf	物理风扇速度	rpm
9	Nc	物理核心速度	rpm
10	Epr	发动机压力比	–
11	Ps30	高压压气机出口静压力	psia
12	Phi	Ps30 的燃料流量比	pps/psi
13	NRf	纠正风扇转速	rpm
14	NRc	更正内核速度	rpm

表6.1(续)

指标	样本	描述	单位
15	BPR	涵道比	–
16	farB	燃烧器的燃料–空气比	–
17	htBleed	放热焓	–
18	Nf_dmd	要求风扇转速	rpm
19	PCNfR_dmd	要求纠正风扇转速	rpm
20	W31	高压涡轮出口冷却液流失	lbm/s
21	W32	低压涡轮出口冷却液流失	lbm/s

注: °R   兰金温标

psia   每平方英寸的绝对磅

rpm   每分钟转数

pps   每秒脉冲

psi   每平方英寸的磅

lbm/s   每秒一斤质量

基于选择的传感器信号,从 100 架推进系统燃气涡轮发动机系统里收集了传感器数据,并记录了每个发动机系统从收集开始的时间到失效时间,以及真实的推进系统发动机系统的剩余使用寿命。起初的 80 种传感器数据被用来在 DSR、SVM 和 RNN 模型中训练。此训练数据的一部分展示在表 6.2 中。最后 20 组传感器数据被选为表 6.3 的测试数据集,并且被用于预测推进系统发动机系统的剩余使用寿命,这些真实剩余使用寿命值可用于比较和评价。

表 6.2   部分训练传感器数据与对应的实际剩余使用寿命值

发动机序号	传感器指标							实际剩余使用寿命
	2	4	7	8	11	12	15	
1	549.57	1 131.44	139.11	2 211.82	45.40	372.15	9.375 3	213
2	549.23	1 118.22	139.61	2 211.93	36.55	164.55	9.329 1	140
3	607.8	1 255.38	334.42	2 323.91	47.38	521.42	9.225 8	134
4	607.39	1 251.56	334.91	2 323.92	45.44	371.47	9.216 9	141
5	607.71	1 243.86	335.88	2 323.86	41.95	130.48	9.207 3	337

表6.2(续)

发动机序号	传感器指标							实际剩余使用寿命
	2	4	7	8	11	12	15	
6	555.34	1 130.96	195.24	2 223.00	36.44	164.22	9.319 1	209
7	641.96	1 396.28	553.78	2 388.01	41.71	183.17	8.387 9	142
8	642.46	1 399.74	554.72	2 387.98	37.82	131.07	8.406 2	255
⋮				……				⋮
80	537.15	1 046.75	175.68	1 915.17	36.75	164.29	10.905 4	284

表 6.3　　二十组传感器数据及对应的实际剩余使用寿命值

发动机序号	传感器指标							实际剩余使用寿命
	2	4	7	8	11	12	15	
1	605.33	1 311.90	394.18	2 318.89	47.42	521.50	8.673 5	229
2	536.85	1 050.40	175.48	1 915.37	41.73	182.84	10.878 8	238
3	607.38	1 251.31	335.21	2 323.98	41.89	130.53	9.180 5	254
4	536.81	1 048.51	175.52	1 915.29	45.13	372.04	10.918 1	154
5	604.50	1 312.73	394.26	2 318.94	44.15	315.49	8.648 7	209
6	536.61	1 043.49	175.70	1 915.40	36.61	164.82	10.871 2	190
7	536.22	1 049.95	175.93	1 915.16	47.53	521.41	10.911 8	145
8	536.69	1 049.83	175.72	1 915.15	44.46	315.50	10.893 9	204
9	549.22	1 117.36	138.22	2 211.88	41.76	182.78	9.348 1	170
10	607.95	1 257.83	335.12	2 323.99	41.88	183.55	9.257 9	175
11	607.46	1 249.82	334.96	2 323.92	44.24	315.52	9.230 5	225
12	549.54	1 120.54	139.12	2 212.03	45.21	372.08	9.359 2	235
13	555.42	1 120.64	195.09	2 222.91	36.50	164.92	9.274 5	249
14	536.91	1 050.00	176.05	1 915.12	36.70	164.32	10.945 0	192
15	549.73	1 126.21	138.61	2 211.83	41.92	130.33	9.368 5	186
16	604.52	1 301.44	394.61	2 318.93	41.85	131.31	8.647 6	128
17	555.26	1 119.84	194.76	2 223.02	41.91	130.87	9.291 5	174
18	549.42	1 135.99	139.45	2 211.72	44.38	314.29	9.372 6	228
19	536.32	1 053.89	175.77	1 915.28	44.43	315.28	10.883 1	225
20	549.58	1 119.72	138.90	2 211.93	9.37	36.64	164.76	284

在训练阶段，将训练数据中的传感器数据集作为输入的数据，并将相应的真实的剩余寿命数据作为目标值来分别训练 DSR、SVM、RNN 模型。将三个预测模型的参数值初始化，对输出值与目标值之间的误差进行计算。如果误差小于给定阈值，则预测算法的性能较好。如果不是这样，这些参数值将被调整。在测试阶段中，来自测试数据集合的传感器数据分别被输入到训练的 DSR、SVM、RNN 模型中，分别计算每个单独的预测算法对应的剩余使用寿命预测值。预测数据利用 Matlab 软件获得的三个独立的预测算法的预测值展示在表 6.4 中。

表 6.4　　　　　　　　　　　单个预测与融合预测结果

测试序号	预测方法				实际剩余使用寿命
	DSR	SVM	RNN	融合预测	
1	258.715	202.861	192.151	214.052	229
2	250.584	198.451	250.458	232.834	238
3	260.473	188.842	219.652	220.392	254
4	181.943	129.782	132.486	145.139	154
5	230.982	152.521	179.324	184.398	209
6	236.004	164.048	147.341	177.342	190
7	168.009	117.584	126.329	134.796	145
8	232.684	176.384	159.069	185.147	204
9	201.942	135.809	145.328	157.630	170
10	201.109	143.682	148.728	161.388	175
11	201.304	240.548	198.319	213.476	225
12	275.897	218.157	200.451	227.165	235
13	274.107	231.341	204.045	232.537	249
14	228.142	153.208	159.512	176.203	192
15	201.341	158.452	160.691	171.085	186
16	152.482	112.051	117.149	125.113	128
17	201.902	150.971	143.961	162.240	174

表6.4(续)

测试序号	预测方法				实际剩余使用寿命
	DSR	SVM	RNN	融合预测	
18	259.421	190.106	204.021	214.498	228
19	254.013	188.146	190.613	207.172	225
20	301.452	249.314	259.105	267.400	284

6.3.2 融合预测

根据表6.4，将三种不同预测方法的相对误差序列根据公式（6.13）计算出的值作为 e_{1t}，e_{2t} 和 e_{3t}。由于相对误差序列是成组的，所以 e_{1t}，e_{2t} 和 e_{3t} 可以通过公式（6.14）确定，结果如表6.5所示。

表 6.5 　　　　　相对误差序列和三种个体预测方法的整合

测试序号	p_{1t}	p_{2t}	p_{3t}
1	0.048 0	0.037 1	0.056 4
2	0.019 6	0.054 0	0.018 3
3	0.009 4	0.083 4	0.047 4
4	0.067 1	0.051 1	0.049 0
5	0.038 9	0.087 8	0.049 8
⋮		……	
18	0.051 0	0.054 0	0.036 9
19	0.047 7	0.053 2	0.053 6
20	0.022 7	0.039 7	0.030 7

根据公式（6.15）计算可得三个预测方法的相对预测误差的熵值 h_1，h_2 和 h_3：

$$h_1 = -\sum_{t=1}^{20} p_{1t}\ln p_{1t}/\ln 20 = 0.971\ 7$$

$$h_2 = -\sum_{t=1}^{20} p_{2t}\ln p_{2t}/\ln 20 = 0.979\ 9$$

$$h_3 = -\sum_{t=1}^{20} p_{3t}\ln p_{3t}/\ln 20 = 0.985\ 7$$

可以根据公式（6.16）计算得到三个单独的预测方法的相对预测误差的变化程度系数 d_1，d_2 和 d_3：

$$d_1 = 1 - h_1 = 0.028\ 3$$

$$d_2 = 1 - h_2 = 0.020\ 1$$

$$d_3 = 1 - h_3 = 0.014\ 3$$

三个独立的预测方法的加权系数 ω_1，ω_2 和 ω_3 可以根据公式（6.17）计算得到：

$$\omega_1 = \frac{1}{3-1}\left(1 - \frac{0.028\ 3}{0.028\ 3 + 0.020\ 1 + 0.014\ 3}\right) = 0.274\ 4$$

$$\omega_2 = \frac{1}{3-1}\left(1 - \frac{0.020\ 1}{0.028\ 3 + 0.020\ 1 + 0.014\ 3}\right) = 0.339\ 5$$

$$\omega_3 = \frac{1}{3-1}\left(1 - \frac{0.014\ 3}{0.028\ 3 + 0.020\ 1 + 0.014\ 3}\right) = 0.386\ 1$$

在公式（6.18）中，融合预测值为

$$\hat{y}_t = 0.274\ 4x_{1t} + 0.339\ 5x_{2t} + 0.386\ 1x_{3t}, \quad t = 1, 2, \cdots, 20 \quad (6.19)$$

表 6.4 中三种个体的预测详细结果被输入到公式（6.19）中，航天器推进系统涡轮发动机系统的剩余寿命融合预测价值 $\hat{y}_t$ 的结果如表 6.4 的最右列所示。

6.3.3　验证讨论

对于航天器推进系统燃气涡轮发动机系统，使用不同的预测方法得到的预测结果如图 6.4 所示。从图 6.4 中可以直观看出：与个体的预测曲线相对比，基于信息熵的融合预测曲线更好地拟合了真实的曲线。

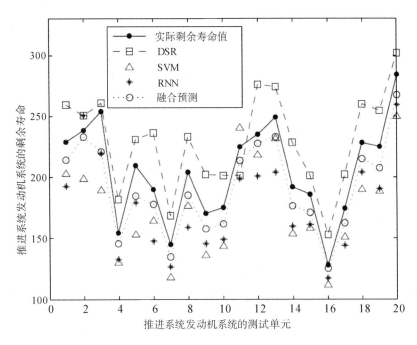

图 6.4 推进系统发动机系统剩余使用寿命不同预测方法的预测结果

为了准确地测试预测效果，选择平均方差（MSE）、平均绝对误差（MAE）、平均绝对百分比误差（MAPE）、均方误差百分比（MSPE）和皮尔森相关系数 e_{PR} 作为预测误差指数，得到：

$$e_{MSE} = \frac{1}{N} \sqrt{\sum_{t=1}^{N} (x_t - \hat{x}_t)^2} \qquad (6.20)$$

$$e_{MAE} = \frac{1}{N} \sum_{t=1}^{N} |x_t - \hat{x}_t| \qquad (6.21)$$

$$e_{MAPE} = \frac{1}{N} \sum_{t=1}^{N} \left| \frac{x_t - \hat{x}_t}{x_t} \right| \qquad (6.22)$$

$$e_{MSPE} = \frac{1}{N} \sqrt{\sum_{t=1}^{N} \left(\frac{x_t - \hat{x}_t}{x_t} \right)^2} \qquad (6.23)$$

$$e_{PR} = \frac{\sum_{i=1}^{N} (x_i - \bar{x})(\hat{x}_i - \bar{\hat{x}})}{\sqrt{\sum_{i=1}^{N} (x_i - \bar{x})^2} \sqrt{\sum_{i=1}^{N} (\hat{x}_i - \bar{\hat{x}})^2}} \qquad (6.24)$$

其中，x_t 是实际值的序列，$\bar{x}$ 是实际值序列的平均值，$\hat{x}_t$ 是预测值序列，$\bar{\hat{x}}$ 是预测值序列的平均值，$t=1,2,\cdots,N$。e_{PR} 系数表示实际值与预测值序列曲线之间的相似性。从其实际意义来看，$0<e_{PR}<1$ 即 e_{PR} 的更大值表示更相似曲线的形状和预测精度更高，因此 e_{PR} 属于盈利指标。但是前四个指标都属于损害指标，即该值越小，预测结果越好。为了做一个综合评价，e_{PR} 系数被替换为 $e'_{PR}=1-e_{PR}$。

根据公式（6.20）、公式（6.21）、公式（6.22）、公式（6.23）、公式（6.24），得到三种融合方法及融合预测的误差指标结果，如表 6.6 所示。

表 6.6　　　　　　　三种融合方法及融合预测的误差指标结果

故障预测方法	e_{MSE}	e_{MAE}	e_{MAPE}	e_{MSPE}	e'_{PR}
DSR	6.211 9	26.294 9	0.135 2	0.032 4	0.066 8
SVM	7.498 3	31.141 9	0.153 8	0.036 4	0.081 7
RNN	6.808 5	29.009 2	0.142 7	0.033 2	0.051 9
基于信息熵的融合预测	3.493 2	14.199 7	0.068 7	0.016 5	0.012 6

表 6.6 显示了单一方法预测和融合预测的预测误差精度分析，从中可以看出基于信息熵的融合预测方法的五项指标比每个单独的预测方法小，所以基于信息熵的融合预测的方法是最佳的。

从图 6.4 和表 6.6 中可以看出，基于信息熵的融合预测模型能够吸取三个单独的预测方法的长处并克服它们各自的一些不足，从而提高预测方法的准确性。这一预测似乎做了低估，但是精度比模拟结果更好。在实际应用中，对机器健康的预测评估是非常实用的。因此，以信息熵为基础的融合预测的方法比单一的预测方法有更大的应用价值。

6.4 本章小结

航天器推进系统发动机系统的预测与健康管理能够监测其运行的健康状况，诊断故障并提供预警，预测剩余寿命以避免灾难发生。剩余使用寿命预测是推进系统发动机系统的预测与健康管理的关键过程，因为它能揭示发动机系统未来的健康状况并获得剩余寿命的预测值。在本书中，提出了以预测与健康管理为导向的基于传感器数据的剩余寿命预测方法。这种融合预测方法利用航天器推进系统发动机系统的传感器数据，结合了数据驱动和依据经验这两种预测方法的优势且消除了这两种方法各自的局限性。该融合模型是建立在信息熵理论的基础上。个体预测方法预测的误差序列的变异程度与在融合预测模型中对应的权重系数是成反比的。最后，本章通过一个数值例子证明，相较于单独的算法，融合预测方法能够提供更精确和稳定的航天器推进系统发动机系统剩余使用寿命预测值。为了保障航天器任务的顺利实现，要进一步整合健康管理活动的剩余使用寿命预测，延伸预测方法，使用可靠的系统信息来改善预测性能，并且考虑在预测过程中的不确定性因素，建立一个更有效的用于航天器推进系统发动机系统预测与健康管理的框架。

7　结语

　　航天器推进系统作为保证航天器安全的关键系统，结构复杂，工作环境具有高真空、高强度、不确定的特征，其系统安全对航天器系统的正常工作具有重要影响。

　　一旦推进系统发生异常，将导致航天器部分功能的丧失，甚至整体系统故障，影响航天器任务的成败，威胁人员的安全。航天器推进系统主要是由电子系统、软件系统及发动机系统构成。从航天器推进系统的安全角度来看，主要涉及电子系统的效能评估、软件系统的可靠性预测及发动机剩余寿命预测三个方面的问题。以集成系统健康管理理论框架为基础，结合航天器推进系统中各子系统的结构和故障特征，进行理论分析并构建模型，运用智能评估及预测方法对模型进行求解，获得系统安全相关指标数据，为航天器推进系统健康状态和维修决策提供科学支撑。本书围绕航天器推进系统安全评估与预测方法进行研究。

7.1　主要工作

　　本书围绕航天器推进系统安全评估与预测问题，根据推进系统的构成，分别从电子系统分层效能评估、软件系统可靠性预测和发动机系统剩余寿命预测三个角度着手，结合电子系统、软件系统和发动机系统三个推进系统的子系统的特征，构建了具体的评估和预测模型，之后再通过算例求解的方式来验证模型及算法的有效性、优越性。

（1）分析了航天器推进系统的构成。航天器推进系统包括电子系统、软件系统和发动机系统。本书阐述了航天器推进系统电子系统、软件系统和发动机系统在整体系统中的关键作用和特殊功能；阐述了安全关键系统的定义，详细描述其具体特征，并根据定义和特征对航天器安全系统相关理论进行分析和梳理。本书结合航天器推进系统结构特征，分析其安全的重要性；阐述集成系统健康管理的基本框架，包括数据获取，效能评估、可靠性评估、故障诊断为一体的安全评判，决策支持等。本书归纳了信息融合模型和启发式智能算法，包括对模糊语义度量的定义、隶属度函数的构建以及模糊予以尺度的运算方法。在启发式智能算法方面，本书介绍了支持向量机算法、遗传算法及传统层次分析法、网络层次分析及信息熵计算的基本方法。该部分框架和算法的归纳与总结为整个研究奠定了基础。

（2）建立了电子系统分层效能评估模型，以实现电子系统级健康状态评估和子系统的效能评估。本书有效处理了模糊环境下航天器推进系统电子系统分层效能评估问题，根据电子系统的结构特征，按照综合系统健康管理的逻辑顺序，先后建立了系统级健康状态评估模型和子系统级效能水平评估模型；然后根据评估变量和指标的特点，将模糊语义尺度应用到解决定性指标定量化的处理过程中，结合网络层次分析的优势，对子系统级的效能水平进行评估。该模型和方法将系统级和子系统级的健康问题都考虑在内，完善了航天器电子系统在子系统级中的效能评估的理论和方法。

（3）建立软件系统可靠性预测模型，提出 AGA-SVM 求解算法。本书拟解决航天器推进系统软件系统的可靠性评估问题，按照航天器推进系统集成系统健康管理的逻辑顺序，根据航天器软件系统的特征，进行可靠性指标的分析和选择；围绕指标构建了信息融合的可靠性评估模型，模型中将支持向量机算法和遗传算法进行有机结合，并对遗传算法的参数选择环节进行改进，实现自动选择参数的自适应遗传算法；通过 AGA-SVM 智能算法对数值算例进行求解和运算，通过分析验证，得到精确的可靠性评估数据，拟向决策者提供有效支持，以保障维修和养护决策的合理、科学。

（4）建立发动机系统剩余寿命预测模型，提出 DSR-SVM-RNN 融合预测算法。本书针对航天器推进系统发动机系统的故障问题，按照集成系统健康管理的逻辑思路，根据航天器发动机的系统特征，分析其故障失效机理，在深入分析的基础上，筛选确定故障诊断的相关指标，建立融合诊断模型；在模型中引入模糊语义度量方法和信息熵的方法对模型进行求解；通过根据训练得到的数值算例对模型和算法进行分析和验证。基于集成系统健康管理的航天器发动机系统剩余寿命预测理论和方法突破了传统的单纯的故障诊断的概念，丰富了航天器健康管理的理论。

7.2 创新之处

本书以航天器推进系统安全问题为核心，引入集成系统管理的思路框架，结合实际情况对问题进行研究分析，构建了系统化评估与预测模型，深化了航天器集成系统管理的理论与方法，具有重要的理论和现实意义。具体来讲，本书创新之处主要包括以下两个方面：

第一，提出基于集成系统健康管理框架的航天器推进系统安全评估与预测模型。针对航天器推进系统的结构特征和系统构成，结合集成系统健康管理的逻辑框架，本书分别从电子系统的效能评估、软件系统的可靠性预测及发动机系统的寿命预测三个系统的不同角度构建电子系统分层效能评估模型、软件系统可靠性预测模型及发动机系统剩余使用寿命模型。

第二，设计了推进系统安全评估与预测模型的求解算法。本书针对电子系统、软件系统和发动机系统的结构特征，结合电子系统分层效能评估、软件系统可靠性预测及发动机系统剩余寿命预测模型的具体特点，对传统求解算法进行合理改进，分别构建了对系统级健康状态和子系统级效能进行评估的模糊网络层次分析方法、对软件可靠性预测的自适应遗传算法-支持向量机算法、对发动机系统剩余寿命进行预测的 DSR-SVM-RNN 融合预测算法，丰富并深化了航天器推进系统安全评估与预测算法，对航天器推进系统安全评估与预测理论的系统化具有重要的意义。

7.3　后续研究

本书针对航天器推进系统的安全评估与预测问题，从结构特征和故障特点对其三个子系统——电子系统效能、软件系统可靠性和发动机系统剩余寿命进行分析和研究，分别构建了电子系统分层效能评估模型、软件系统可靠性预测模型及发动机系统剩余寿命预测模型，进而提出相应的算法设计方法。此外，还有许多相关的问题对航天器安全具有重要影响。本书的研究后续将继续关注以下几个方面的问题：

（1）以航天器发射系统的安全问题为研究对象，关注其评估与预测的建模和算法改进逻辑。

（2）加强对航天器推进系统运行数据的处理分析，如使用模糊随机算法等。

（3）努力加深对融合预测模型和算法的改进，如结合支持向量机算法、遗传算法的优点，设计更优的求解算法。

（4）进一步分析电子系统效能评估、软件系统可靠性预测和发动机系统剩余寿命预测的共性问题，找出其内在规律，为更好地把握航天器推进系统的健康管理提供科学依据。

参考文献

[1] 石柱，袁心成，马卫华，等.适用于航天软件开发的可靠性度量 [J].航天控制，2004，22（3）：87-92.

[2] 杨霞，熊光泽，袁继敏，等.安全关键系统中防危策略的设计技术研究 [J].电子科技大学学报，2006（A1）：706-709.

[3] 余后满，郝文宇，袁俊刚，等.航天器系统工程技术发展思路 [J].航天器工程，2009，18（1）：1-7.

[4] 冯辅周，司爱威，邢伟，等.故障预测与健康管理技术的应用与发展 [J].装甲兵工程学院学报，2009，23（6）：1-6.

[5] 罗荣蒸，孙波，张雷，等.航天器预测与健康管理技术研究 [J].航天器工程，2013，22（4）：95-102.

[6] 杨仕平，熊光泽，桑楠.安全关键系统的防危性技术研究 [J].电子科技大学学报，2003，32（2）：164-168.

[7] 龙兵，孙振明，姜兴渭.航天器集成健康管理系统研究 [J].航天控制，2003，21（2）：56-61.

[8] 杨仕平，熊光泽，桑楠.安全关键系统高可信保障技术的研究 [J].计算机科学，2003，30（5）：97-101.

[9] 高占宝，梁旭，李行善.复杂系统综合健康管理 [J].测控技术，2005，24（8）：1-5.

[10] 左洪福，张海军，戎翔.基于比例风险模型的航空发动机视情维修决策 [J].航空动力学报，2006，21（4）：716-721.

[11] 谢庆华, 张琦, 卢涌. 航空发动机单部件视情维修优化决策 [J]. 解放军理工大学学报 (自然科学版), 2005 (6): 1009-3443.

[12] 孙博, 康锐, 谢劲松. 故障预测与健康管理系统研究和应用现状综述 [J]. 系统工程与电子技术, 2007, 29 (10): 1762-1767.

[13] 李爱军, 章卫国, 谭键. 飞行器健康管理技术综述 [J]. 电光与控制, 2007, 14 (3): 79-83.

[14] 沈志群, 张承康, 侍述海. 航天器安全防护保障探讨 [J]. 航天电子对抗, 2010, 26 (1): 37-39.

[15] 景博, 黄以锋, 张建业. 航空电子系统故障预测与健康管理技术现状与发展 [J]. 空军工程大学学报 (自然科学版), 2010, 11 (6): 1-6.

[16] 张磊, 周继锋, 张强. 系统软件可靠性验证测试方法研究 [J]. 计算机与数字工程, 2010, 38 (6): 86-88.

[17] 杨启亮, 邢建春, 王平. 安全关键系统及其软件方法 [J]. 计算机应用与软件, 2011, 28 (2): 129-138.

[18] 周小艳, 何为, 胡国辉. 基于 ZIGBEE 无线传感器网络的变电站人员定位的改进算法研究 [J]. 电力系统保护与控制, 2013, 41 (17): 56-62.

[19] 石柱, 何新贵, 武庄. 软件可靠性及其评估 [J]. 计算机应用, 2000, 20 (11): 1-5.

[20] 王建斌, 宋建光. 航天软件可靠性浅议 [J]. 现代防御技术, 2002, 30 (6): 11-15.

[21] 李行善, 高占宝. 航空航天中的综合运载器健康管理技术 [J]. 电气时代, 2003 (11): 84-85.

[22] 周新蕾, 刘正高. 航天软件可靠性安全性技术应用发展趋势 [J]. 质量与可靠性, 2006 (3): 41-43.

[23] 殷锋社, 汤小明. 航空电子安全关键系统栈空间分析 [J]. 国外

电子测量技术，2013，32（3）：21-24.

[24] 魏继才，黄谦，胡晓峰. 层次分析法在武器系统效能建模中的应用 [J]. 火力与指挥控制，2002，27（3）：23-28.

[25] 覃志东. 高可信软件可靠性和防危性测试与评价理论研究 [D]. 成都：电子科技大学，2005.

[26] 黄汉文. 航天电子对抗的概念与发展 [J]. 航天电子对抗，2007，23（2）：1-5.

[27] 周卫东. 组合导航系统应用软件可靠性研究 [D]. 哈尔滨：哈尔滨工程大学，2006.

[28] 王申. 航天器推进系统动态特性数值仿真与分析 [D]. 长沙：国防科学技术大学，2007.

[29] 王志. 航空发动机整机振动故障诊断技术研究 [D]. 沈阳：沈阳航空工业学院，2007.

[30] 戎翔. 民航发动机健康管理中的寿命预测与维修决策方法研究 [D]. 南京：南京航空航天大学，2008.

[31] 李强. 民航发动机健康管理技术与方法研究 [D]. 南京：南京航空航天大学，2008.

[32] 鲁峰. 航空发动机故障诊断的融合技术研究 [D]. 南京：南京航空航天大学，2009.

[33] 白松浩. 系统效能的概念框架及度量 [J]. 系统仿真学报，2010（9）：2177-2181.

[34] 张利文. 我国载人空间站工程正式启动实施 [J]. 中国航天，2010（11）：2.

[35] 周睿. 面向安全关键的虚拟化与分区操作系统研究与实现 [D]. 兰州：兰州大学，2010.

[36] 戚发轫. 中国载人航天发展回顾及未来设想——2010 年空间环境

与材料科学论坛大会讲话［J］. 航天器环境工程，2011，28（1）：1-4.

［37］侯成杰. 国外航天软件故障原因分析［J］. 航天器工程，2012，21（1）：89-96.

［38］圣敏. 聚焦神舟十号飞天［J］. 新科幻（文摘版），2013（7）：3-7.

［39］新华. 我国计划2015年前后发射天宫二号空间实验室［J］. 军民两用技术与产品，2013（8）：6-7.

［40］袁国平. 航天器姿态系统的自适应鲁棒控制［D］. 哈尔滨：哈尔滨工业大学，2013.

［41］雷国志. 多智能体技术在航空电子系统中的应用研究［D］. 成都：电子科技大学，2013.

［42］韦文书. 质量体附着航天器模型参数辨识及姿态跟踪耦合控制研究［D］. 哈尔滨：哈尔滨工业大学，2013.

［43］张明涛. 基于FMEA方法的航天电子产品制造风险评价应用研究［D］. 北京：中国科学院大学，2013.

［44］陈传海. 面向可靠性概率设计的数控机床载荷谱建立方法研究［D］. 长春：吉林大学，2013.

［45］魏喜庆. 航天器相对导航中的非线性滤波问题研究［D］. 哈尔滨：哈尔滨工业大学，2013.

［46］BASTIERE A. Fusion methods for multi-sensor classification of airborne targets［J］. Aerospace Science and Technology，1997，1（1）：83-94.

［47］AGARWAL A，SHANKAR R，TIWARI M K. Modeling the metrics of lean，agile and leagile supply chain：An anp-based approach［J］. European Journal of Operational Research，2006，173（1）：211-225.

［48］AHMADI A，FRANSSON T，CRONA A，et al. Integration of rcm and phm for the next generation of aircraft［C］//2009 IEEE Aerospace Conference, 2009: 3798-4315.

[49] AHMADIZAR F, SOLTANIAN K, AKHLAGHIANTAB F, et al. Artificial neural network development by means of a novel combination of grammatical evolution and genetic algorithm [J]. Engineering Applications of Artificial Intelligence, 2015, 39: 1-13.

[50] AKGUN D, ERDOGMUS P. Gpu accelerated training of image convolution filter weights using genetic algorithms [J]. Applied Soft Computing, 2015, 30: 585-594.

[51] AMIN A, GRUNSKE L, COLMAN A. An approach to software reliability prediction based on time series modeling [J]. Journal of Systems and Software, 2013, 86 (7): 1923-1932.

[52] AMIRGHASEMI M, ZAMANI R. An effective asexual genetic algorithm for solving the job shop scheduling problem [M]. Oxford: Pergamon Press, 2015.

[53] ANANDA C M. General aviation aircraft avionics: integration & system tests [J]. IEEE Aerospace and Electronic Systems Magazine, 2009, 24 (5): 19-25.

[54] ANDERMAN A. Modular avionics and open systems architecture for future manned space flight [C] // 1994 IEEE Aerospace Applications Conference, 1994: 117-130.

[55] ANTOINE G O, BATRA R C. Optimization of transparent laminates for specific energy dissipation under low velocity impact using genetic algorithm [J]. Composite Structures, 2015, 124: 29-34.

[56] AO L. Performance declining evaluation method for CFM56-5b engine [J]. Journal of Civil Aviation Flight University of China, 2006, 17 (2): 28-30.

[57] ASHBY M J, BYER R J. An approach for conducting a cost benefit a-nalysis of aircraft engine prognostics and health management functions [C] // 2002 IEEE Aerospace Conference, 2002, 6: 2847-2856.

[58] AZIZ A M. An iterative method for decision fusion in multiple sensor systems [J]. Aerospace Science and Technology, 2010, 14 (7): 487-493.

[59] BAGHERI M, MIRBAGHERI S A, BAGHERI Z, et al. Modeling and optimization of activated sludge bulking for a real wastewater treatment plant using hybrid artificial neural networks-genetic algorithm approach [J]. Process Safety and Environmental Protection, 2015, 95: 12-25.

[60] BAGUL Y G, ZEID I, KAMARTHI S V. A framework for prognostics and health management of electronic systems [C] //2008 IEEE Aerospace Conference, 2008: 1-9.

[61] BAI H, ATIQUZZAMAN M, LILJA D. Wireless sensor network for aircraft health monitoring [C] //International Conference on Broadband Networks, 2004: 748-750.

[62] BANERJEE P P, AVILA R, HE D, et al. Discriminant analysis based prognostics of avionic systems [J]. IEEE Transactions on Systems Man & Cybernetics Part C, 2007, 37 (6): 1318-1326.

[63] OSUNA E, FREUND R, GIROSI F. An improved training algorithm for support vector machines [C] //Neural Networks for Signal Processing, 1997, 17: 276-285.

[64] BENEDETTINI O, BAINES T S, LIGHTFOOT H W, et al. State-of-the-art in integrated vehicle health management [J]. Proceedings of the Institution of Mechanical Engineers Part G Journal of Aerospace Engineering, 2008, 223 (2): 157-170.

[65] BHASIN M, RAGHAVA G P S. Analysis and prediction of affinity of

TAP binding peptides using cascade SVM [J]. Protein Science A Publication of the Protein Society, 2004, 13 (3): 596-607.

[66] BHASIN M, RAGHAVA G P S. Prediction of CTL epitopes using QM, SVM and ANN techniques [J]. Vaccine, 2004, 22 (23): 3195-3204.

[67] BIRD G, CHRISTENSEN M, LUTZ D, et al. Use of integrated vehicle health management in the field of commercial aviation [J]. In 1St International Forum on System Health Engineering and Management In Aerospace - NASA ISHEM Forum, 2005.

[68] BLACK R, FLETCHER M. Next generation space avionics: layered system implementation [J]. IEEE Aerospace & Electronic Systems Magazine, 2005, 20 (12): 9-14.

[69] BOZDAG C E, KAHRAMAN C, RUAN D. Fuzzy group decision making for selection among computer integrated manufacturing systems [J]. Computers in Industry, 2003, 51 (1): 13-29.

[70] BüYüKöZKAN G, ÇIFçI G. A novel hybrid MCDM approach based on fuzzy DEMATEL, fuzzy ANP and fuzzy TOPSIS to evaluate green suppliers [J]. Expert Systems with Applications, 2012, 39 (3): 3000-3011.

[71] CAESARENDRA W, WIDODO A, YANG B S. Combination of probability approach and support vector machine towards machine health prognostics [J]. Probabilistic Engineering Mechanics, 2011, 26 (2): 165-173.

[72] CAI Y D, LIU X J, XU X, et al. Prediction of protein structural classes by support vector machines [J]. Computers & Chemistry, 2002, 26 (3): 293-296.

[73] CALABRESE A, COSTA R, MENICHINI T. Using fuzzy AHP to manage intellectual capital assets: An application to the ICT service industry [J]. Expert Systems with Applications, 2013, 40 (9): 3747-3755.

［74］CALABRIA R, PULCINI G. An engineering approach to Bayes estimation for the Weibull distribution ［J］. Microelectronics Reliability, 1994, 34 (5): 789-802.

［75］CAPUTO A C, PELAGAGGE P M, PALUMBO M. Economic optimization of industrial safety measures using genetic algorithms ［J］. Journal of Loss Prevention in the Process Industries, 2011, 24 (5): 541-551.

［76］CAPUTO A C, PELAGAGGE P M, PALUMBO M, et al. Safety-based process plant layout using genetic algorithm ［J］. Journal of Loss Prevention in the Process Industries, 2015, 34: 139-150.

［77］CELAYA J R, SAHA B, WYSOCKI P F, et al. Prognostics for electronics components of avionics systems ［J］. 2009.

［78］CHAMNANLOR C, SETHANAN K, CHIEN C F, et al. Re-entrant flow shop scheduling problem with time windows using hybrid genetic algorithm based on auto-tuning strategy ［J］. International Journal of Production Research, 2014, 52 (9): 2612-2629.

［79］CHANGDAR C, MAHAPATRA G S, PAL R K. An improved genetic algorithm based approach to solve constrained knapsack problem in fuzzy environment ［M］. Oxford: Pergamon Press, 2015.

［80］CHAUCHARD F, COGDILL R, ROUSSEL S, et al. Application of LS-SVM to non-linear phenomena in NIR spectroscopy: development of a robust and portable sensor for acidity prediction in grapes ［J］. Chemometrics and Intelligent Laboratory Systems, 2004, 71 (2): 141-150.

［81］CHEN F H, TSUNGSHIN H, GWOHSHIUNG T. A balanced scorecard approach to establish a performance evaluation and relationship model for hot spring hotels based on a hybrid MCDM model combining DEMATEL and ANP ［J］. International Journal of Hospitality Management, 2011, 30 (4): 908-

932.

［82］CHEN L, XI Z. Analysis of radar system effectiveness based on wseiac model ［J］. Radar Science and Technology，2005，1：001.

［83］CHEN Z S, YANG Y M, HU Z. A technical framework and roadmap of embedded diagnostics and prognostics for complex mechanical systems in prognostics and health management systems ［J］. IEEE Transactions on Reliability，2012，61（2）：314-322.

［84］CHENG C H. Evaluating naval tactical missile systems by fuzzy AHP based on the grade value of membership function ［J］. European Journal of Operational Research，1997，96（2）：343-350.

［85］CHENG C H, YANG K L, HWANG C L. Evaluating attack helicopters by AHP based on linguistic variable weight ［J］. European Journal of Operational Research，1999，116（2）：423-435.

［86］CHENG S, PECHT M. A fusion prognostics method for remaining useful life prediction of electronic products ［C］// IEEE International Conference on Automation Science and Engineering，2009：102-107.

［87］CHERKASSKY V, MA Y. Practical selection of SVM parameters and noise estimation for SVM regression ［J］. Neural Networks，2004，17（1）：113-126.

［88］CHRISTER A H, WANG W. A delay-time-based maintenance model of a multi-component system ［J］. IMA Journal of Management Mathematics，1995，6（2）：205-222.

［89］CHU D, DESHPANDE A, HELLERSTEIN J M, et al. Approximate data collection in sensor networks using probabilistic models ［C］//Proceedings of The 22Nd International Conference on Data Engineering，2006：48.

［90］CHUANG Y C, CHEN C T, HWANG C. A real-coded genetic algorithm with a direction-based crossover operator [J]. Information Sciences, 2015, 305: 320-348.

[91] CORTES C, VAPNIK V. Support-vector networks [J]. Machine Learning, 1995, 20 (3): 273-297.

[92] CRISTIANINI N, KANDOLA J, ELISSEEFF A, et al. On Kernel Target Alignment [J]. Springer Berlin Heidelberg, 2006, 194: 367-373.

[93] CUTTER D M, THOMPSON O R. Condition-based maintenance plus select program survey [R]. Logistics Management Inst Mclean Va, 2005.

[94] DAGDEVIREN M, YUKSEL L. Developing a fuzzy analytic hierarchy process (AHP) model for behavior-based safety management [J]. Information Sciences, 2008, 178 (6): 1717-1733.

[95] DAGDEVIREN M, LHSAN YUKSEL. A fuzzy analytic network process (ANP) model for measurement of the sectoral competititon level (SCL) [J]. Expert Systems with Applications, 2010, 37 (2): 1005-1014.

[96] DAGDEVIREN M, YUKSEL L. A fuzzy analytic network process (ANP) model for measurement of the sectoral competititon level (SCL) [J]. Expert Systems with Applications, 2010, 37 (2): 1005-1014.

[97] DAS S, CHAKRABORTY S. Selection of non-traditional machining processes using analytic network process [J]. Journal of Manufacturing Systems, 2011, 30 (1): 41-53.

[98] DEEP K, SINGH P K. Design of robust cellular manufacturing system for dynamic part population considering multiple processing routes using genetic algorithm [J]. Journal of Manufacturing Systems, 2015, 35: 155-163.

[99] DESTEFANIS R, SCHäFER F, LAMBERT M, et al. Selecting enhanced space debris shields for manned spacecraft [J]. International Journal of Impact Engineering, 2006, 33 (12): 219-230.

[100] DING C, XU J, XU L. ISHM-based intelligent fusion prognostics for space avionics [J]. Aerospace Science & Technology, 2013, 29 (1): 200-205.

[101] DOU Y, ZHU Q, SARKIS J. Evaluating green supplier development programs with a grey-analytical network process-based methodology [J]. European Journal of Operational Research, 2014, 233 (2): 420-431.

[102] EKLUND N H W, HU X. Intermediate feature space approach for anomaly detection in aircraft engine data [C] // International Conference on Information Fusion, 2008: 1-7.

[103] ELATTAR E E. A hybrid genetic algorithm and bacterial foraging approach for dynamic economic dispatch problem [J]. International Journal of Electrical Power & Energy Systems, 2015, 69: 18-26.

[104] FAMILI A, SHEN W M, WEBER R, et al. Data preprocessing and intelligent data analysis [J]. Intelligent Data Analysis, 1997, 1 (4): 3-23.

[105] FENG Z, WANG Q. Research on health evaluation system of liquid-propellant rocket engine ground-testing bed based on fuzzy theory [J]. Acta Astronautica, 2007, 61 (10): 840-853.

[106] FIGUEROA F, HOLLAND R, SCHMALZEL J, et al. Integrated system health management (ISHM): systematic capability implementation [C] // Sensors Applications Symposium, 2006: 202-206.

[107] FIGUEROA F, SCHMALZEL J. Rocket Testing and Integrated System Health Management [J]. London: Springer, 2006.

[108] FIGUEROA F, SCHMALZEL J, MORRIS J, et al. Integrated System Health Management: Pilot Operational Implementation in a Rocket Engine Test Stand [C] //AIAA Infotech@ Aerospace, 2010.

[109] FIGUEROA F, SCHMALZEL J, WALKER M, et al. Integrated sys-

tem health management: foundational concepts, approach, and implementation [C] // AIAA Infotech@ Aerospace Conference, 2009: 1267-1272.

[110] FISHER D K. Avionics: integrating spacecraft technologies [J]. Techndogy Teacher, 1998, 58 (2): 27.

[111] FRANCOMANO M T, ACCOTO D, GUGLIELMELLI E. Artificial sense of slip—a review [J]. IEEE Sensors Journal, 2013, 13 (7): 2489-2498.

[112] GARG M, LAI R, HUANG S J. When to stop testing: a study from the perspective of software reliability models [J]. IET Software, 2011, 5 (3): 263-273.

[113] GLASS B, CHUN W, JAMBOR B, et al. Integrated system health management architecture design [C] //AIAA Infotech@ Aerospace, 2013.

[114] GUO J, CHEN H, SUN Z, et al. A novel method for protein secondary structure prediction using dual-layer SVM and profiles [J]. Proteins: Structure, Function and Bioinformatics, 2004, 54 (4): 738-743.

[115] GUYON I, MATIC N, VAPNIK V. Discovering informative patterns and data cleaning [J]. American Association for Articial Intelligence, 1996: 181-203.

[116] GOPALAKRISHNAN H, KOSANOVIC D. Operational planning of combined heat and power plants through genetic algorithms for mixed 0-1 nonlinear programming [J]. Computers & Operations Research, 2015, 56: 51-67.

[117] HONG-YUN L, QING-PU Z, XIANG-YI L. Evaluation of knowledge sharing effectiveness in virtual scientific research team based on linguistic assessment information [C] //International Conference on Management Science and Engineering, 2012: 1200-1205.

[118] HASAN A M, SAMSUDIN K, RAMLI A R, et al. Automatic estima-

tion of inertial navigation system errors for global positioning system outage recovery [J]. Proceedings of The Institution of Mechanical Engineers, Part G: Journal of Aerospace Engineering, 2011, 225 (1): 86-96.

[119] HEIMES F O. Recurrent neural networks for remaining useful life estimation [C] //International Conference on Prognostics and Health Management, 2008: 1-6.

[120] HESS A, CALVELLO G, FRITH P, et al. Challenges, issues, and lessons learned chasing the "Big P": real predictive prognostics [C] //IEEE Aerospace Conference, 2006: 1-19.

[121] HIROSE S, SHIMIZU K, KANAI S, et al. POODLE-L: a two-level SVM prediction system for reliably predicting long disordered regions [J]. Bioinformatics, 2007, 23 (16): 2046-2053.

[122] HOYLE C, MEHR A, TUMER I, et al. On quantifying cost-benefit of ISHM in aerospace systems [C] // IEEE Aerospace Conference, 2007: 1-7.

[123] HSU C J, HUANG C Y. An adaptive reliability analysis using path testing for complex component-based software systems [J]. IEEE Transactions on Reliability, 2011, 60 (1): 158-170.

[124] HUANG C Y, LIN C T. Analysis of software reliability modeling considering testing compression factor and failure-to-fault relationship [J]. IEEE Transactions on Computers, 2010, 59 (2): 283-288.

[125] HUANG Y. Notice of retraction effectiveness evaluation for security system based on wseiac model [C] //Computer Science and Information Technology, 2010, 7: 192-195.

[126] HUI G, BIFENG S. Study on effectiveness evaluation of weapon systems based on grey relational analysis and topsis [J]. Journal of Systems Engi-

neering and Electronics, 2009, 20 (1): 106-111.

[127] HUNTER G W, OBERLE L G, BAAKALINI G, et al. Intelligent sensor systems for integrated system health management in exploration applications [C] // First International Forum on Integrated System Health Engineering and Management in Aerospace, 2005.

[128] ISHIZAKA A, NGUYEN N H. Calibrated fuzzy AHP for current bank account selection [J]. Expert Systems With Applications, 2013, 40 (9): 3775-3783.

[129] JARDINE A K S, LIN D, BANJEVIC D. A review on machinery diagnostics and prognostics implementing condition-based maintenance [J]. Mechanical Systems & Signal Processing, 2006, 20 (7): 1483-1510.

[130] JAW L C. Recent advancements in aircraft engine health management (EHM) technologies and recommendations for the next step [C] // ASME Turbo Expo 2005: Power For Land, Sea, and Air, 2005: 683-695.

[131] JHARKHARIA S, SHANKAR R. Selection of logistics service provider: an analytic network process (ANP) approach [J]. OMEGA, 2007, 35 (3): 274-289.

[132] JIANG H Y, ZONG M, LIU X Y. Research of software defect prediction model based on ACO-SVM [J]. Jisuanji Xuebao (Chinese Journal of Computers), 2011, 34 (6): 1148-1154.

[133] JOACHIMS T. Text categorization with support vector machines: Learning with many relevant features [J]. Machine Learning: Ecml-98, 1998: 137-142.

[134] JOACHIMS T. Making large-scale SVM learning practical [R]. Technical Report, SFB 475: KomplexitäTsreduktion in Multivariaten Datenstrukturen, UniversitäT Dortmund, 1998.

［135］JOACHIMS T. Transductive inference for text classification using support vector machines ［C］//ICML, 1999, 99: 200-209.

［136］JUNG U, SEO D W. An ANP approach for R&D project evaluation based on interdependencies between research objectives and evaluation criteria ［J］. Decision Support Systems, 2010, 49 (3): 335-342.

［137］KAIHONG X, QIANLI D, LEI X, et al. A evaluation model of supply chain emergency based on unascertained measure and comentropy theory ［C］//Emergency Management and Management Sciences, 2010: 375-378.

［138］KAYA T, KAHRAMAN C. An integrated fuzzy AHP-electre methodology for environmental impact assessment ［M］. Oxford: Pergamon Press, 2011.

［139］KAYTON M. Avionics for manned spacecraft ［J］. IEEE Transactions on Aerospace & Electronic Systems, 1989, 25 (6): 786-827.

［140］KEERTHI S S, LIN C J. Asymptotic behaviors of support vector machines with gaussian kernel ［J］. Neural Computation, 2003, 15 (7): 1667-1689.

［141］KILICC H S. A fuzzy AHP based performance assessment system for the strategic plan of turkish municipalities ［J］. International Journal of Business and uanagement Studies, 2011, 3 (2): 77-86.

［142］KILIC H S, CEVIKCAN E. Job selection based on fuzzy AHP: an investigation including the students of istanbul technical university management faculty ［J］. Journal of Business and Management Studies, 2011 3 (1): 173-182.

［143］KILIC H S, CEVIKCAN E. A hybrid weighting methodology for performance assessment in turkish municipalities ［M］. Berlin: Springer, 2012.

［144］KIM T, LEE K, BAIK J. An effective approach to estimating the parameters of software reliability growth models using a real－valued genetic algorithm ［M］. London： Elsevier Science, 2015.

［145］ KUMAR M, GROMIHA M M, RAGHAVA G P S. Prediction of RNA binding sites in a protein using SVM and PSSM profile ［J］. Proteins： Structure, Function, and Bioinformatics, 2008, 71 （1）： 189-194.

［146］ KUMAR S, TORRES M, CHAN Y C, et al. A hybrid prognostics methodology for electronic products ［C］ //IEEE World Congress on Computational Intelligence, 2008： 3479-3485.

［147］ KURTOGLU T, JOHNSON S B, BARSZCZ E, et al. Integrating system health management into the early design of aerospace systems using functional fault analysis ［C］ // International Conference on Prognostics and Health Management, 2008： 1-11.

［148］ LECAKES G D, MORRIS J A, SCHMALZEL J L, et al. Virtual reality platforms for integrated systems health management in a portable rocket engine test stand ［C］ // Instrumentation and Measurement Technology Conference, 2008： 388-392.

［149］ LEE H, KIM C, CHO H, et al. An ANP－based technology network for identification of core technologies： A case of telecommunication technologies ［J］. Expert Systems with Applications, 2009, 36 （1）： 894-908.

［150］ LEVESON N G. Role of software in spacecraft accidents ［J］. Journal of Spacecraft & Rockets, 2004, 41 （4）： 564-575.

［151］ LEWIS S A, EDWARDS T G. Smart sensors and system health management tools for avionics and mechanical systems ［C］ //Digital Avionics Systems Conference, 1997, 2： 5-8.

［152］ LI M, TANSEL I N, LI X, et al. Integrated system health management by using the index based reasoning （IBR） and self organizing map （SOM） combination ［C］//Recent Advances In Space Technologies, 2009: 181-185.

［153］LIU J, WANG W, MA F, et al. A data-model-fusion prognostic framework for dynamic system state forecasting ［J］. Engineering Applications of Artificial Intelligence, 2012, 25 （4）: 814-823.

［154］LOGAN G T. Integrated avionics: past, present and future ［J］. IEEE Aerospace and Electronic Systems Magazine, 2007, 5 （22）: 39-40.

［155］LOISE D. Integrated modular avionics ［J］. Nouvelle Revue D'Aeronautique Et D'Astronautique, 1997 （1）: 48-52.

［156］LUNZE J, SCHRODER J. Sensor and actuator fault diagnosis of systems with discrete inputs and outputs ［J］. IEEE Transactions on Systems, Man, and Cybernetics, Part B （Cybernetics）, 2004, 34 （2）: 1096-1107.

［157］LUO J, NAMBURU M, PATTIPATI K, et al. Model-based prognostic techniques （maintenance applications） ［C］// IEEE Systems Readiness Technology Conference, 2003: 330-340.

［158］LUO X, WANG M. Latest research development of spacecraft thermal control technology ［C］//Computer Engineering and Technology （Iccet）, 2010, 5: 499-502.

［159］LYU M R. Handbook of software reliability engineering［M］. New York: McGraw-Hill, 1996.

［160］MARSEGUERRA M, ZIO E, PODOFILLINI L. Condition-based maintenance optimization by means of genetic algorithms and monte carlo simulation ［J］. Reliability Engineering & System Safety, 2002, 77 （2）: 151-165.

［161］MäRTIN L, SCHATALOV M, HAGNER M, et al. A methodology for model-based development and automated verification of software for aerospace systems ［C］//Aerospace Conference, 2013: 1-19.

［162］MARTIN R, SCHWABACHER M, OZA N, et al. Comparison of

unsupervised anomaly detection methods for systems health management using space shuttle [C] //Proceedins of the Joint Army Navy NASA Air Force Conference on Propulsion, 2007.

[163] MASCHIO C, DAVOLIO A, CORREIA M G, et al. A new framework for geostatistics-based history matching using genetic algorithm with adaptive bounds [J]. Journal of Petroleum Science & Engineering, 2015, 127: 387 -397.

[164] MCCANN R S, SPIRKOVSKA L. Human factors of integrated systems health management on next-generation spacecraft [C] //First International Forum on Integrated System Health Engineering and Management in aerospace, 2005.

[165] MEADE L M, PRESLEY A. R&D project selection using the analytic network process [J]. IEEE Transactions on Engineering Management, 2002, 49 (1): 59-66.

[166] MIKHAILOV L. A fuzzy programming method for deriving priorities in the analytic hierarchy process [J]. Journal of The Operational Research Society, 2000: 341-349.

[167] MILLAR R C. Defining requirements for advanced PHM technologies for optimal reliability centered maintenance [C] //Aerospace Conference, 2009: 1-7.

[168] ZUNIGA F, MACLISE D, ROMANO D, et al. Integrated systems health management for exploration systems [C] // Space Exploration Conference: Continuing The Voyage of Discovery, 2013.

[169] MULLER A, SUHNER M C, IUNG B. Formalisation of a new prognosis model for supporting proactive maintenance implementation on industrial system [J]. Reliability Engineering & System Safety, 2008, 93 (2): 234-

253.

［170］MUSA J D. A theory of software reliability and its application ［J］. IEEE transactions on software engineering, 1975 (3): 312-327.

［171］NADERPOUR M, LU J, ZHANG G. An abnormal situation modeling method to assist operators in safety-critical systems ［J］. Reliability Engineering & System Safety, 2015, 133: 33-47.

［172］NEUNGMATCHA W, SETHANAN K, GEN M, et al. Adaptive genetic algorithm for solving sugarcane loading stations with multi-facility services problem ［J］. Computers and Electronics in Agriculture, 2013, 98: 85-99.

［173］NGUYEN H T, DAWAL S Z M, NUKMAN Y, et al. A hybrid approach for fuzzy multi-attribute decision making in machine tool selection with consideration of the interactions of attributes ［J］. Expert Systems With Applications, 2014, 41 (6): 3078-3090.

［174］NICKERSON B, LALLY R. Development of a smart wireless networkable sensor for aircraft engine health management ［C］//Aerospace Conference, 2001, 7: 7-32.

［175］NIU G, YANG B S. Intelligent condition monitoring and prognostics system based on data-fusion strategy ［J］. Expert Systems With Applications, 2010, 37 (12): 8831-8840.

［176］ZHISHENG L, JUNSHAN L, FAN F, et al. Self-organizing fuzzy clustering neural network and application to electronic countermeasures effectiveness evaluation ［J］. Journal of Systems Engineering and Electronics, 2008, 19 (1): 119-124.

［177］ORSAGH R, BROWN D, ROEMER M, et al. Prognostic health management for avionics system power supplies ［C］//Aerospace Conference, 2005: 3585-3591.

[178] ORSAGH R F, BROWN D W, KALGREN P W, et al. Prognostic health management for avionic systems [C] //Aerospace Conference, 2006: 7.

[179] BAYRAMOGLU I. Reliability and mean residual life of complex systems with two dependent components per element [J]. IEEE Transactions on Reliability, 2013, 62 (1): 276-285.

[180] OSUNA E, FREUND R, GIROSIT F. Training support vector machines: an application to face detection [C] //Computer Vision and Pattern Recognition, 1997: 130-136.

[181] PECHT M, JAAI R. A prognostics and health management roadmap for information and electronics-rich systems [J]. Microelectronics Reliability, 2010, 50 (3): 317-323.

[182] PENG W, HUANG H Z, ZHANG X L, et al. Reliability based optimal preventive maintenance policy of series-parallel systems [J]. Eksploatacjai Niezawodnosc, 2009: 4-7.

[183] PHAM H T, YANG B S, NGUYEN T T. Machine performance degradation assessment and remaining useful life prediction using proportional hazard model and support vector machine [J]. Mechanical Systems and Signal Processing, 2012, 32: 320-330.

[184] PIETRANTUONO R, RUSSO S, TRIVEDI K S. Software reliability and testing time allocation: an architecture-based approach [J]. IEEE Transactions on Software Engineering, 2010, 36 (3): 323-337.

[185] PIGNOL M. Cots-based applications in space avionics [C] // Conference on Design, Automation and Test In Europe, 2010: 1213-1219.

[186] PULCINI G. A model-driven approach for the failure data analysis of multiple repairable systems without information on individual sequences [J]. IEEE Transactions on Reliability, 2013, 62 (3): 700-713.

［187］QUIROZ-CASTELLANOS M, CRUZ-REYES L, TORRES-JIMEN-EZ J, et al. A grouping genetic algorithm with controlled gene transmission for the bin packing problem ［J］. Computers & Operations Research, 2015, 55 （3）: 52-64.

［188］REICHARD K, CROW E, BAIR T. Integrated management of system health in space applications ［C］// Reliability and Maintainability Symposium, 2007: 107-112.

［189］RUFFA J A, CASTELL K, FLATLEY T, et al. Midex advanced modular and distributed spacecraft avionics architecture ［C］//Aerospace Conference, 1998, 5: 531-541.

［190］SAATY T L. SAATY T L. Decision making with dependence and feedback: the analytic network process［J］. Pittsburgh: RWS Publications, 1996.

［191］SAXENA A, GOEBEL K, SIMON D, et al. Damage propagation modeling for aircraft engine run-to-failure simulation ［C］//Prognostics and Health Management, 2008: 1-9.

［192］SCHIOLKOPF B, BURGES C, VAPNIK V. Extracting support data for a given task ［C］//First International Conference on Knowledge Discovery & Data Mining, 1995: 252-257.

［193］SCHöLKOPF B, BURGES C, VAPNIK V. Incorporating invariances in support vector learning machines ［C］// Proceedings of The 1996 International Conference on Artificial Neural Networks, 1996: 47-52.

［194］SCHöLKOPF B, BURGES C J, SMOLA A J. Advances in kernel methods: support vector learning ［M］. Massachusetts: MIT Press, 1999.

［195］SCHöLKOPF B, PLATT J C, SHAWE-TAYLOR J, et al. Estimating the support of a high-dimensional distribution ［J］. Neural Computation, 2001, 13 （7）: 1443-1471.

[196] SCHöLKOPF B, SMOLA A, MüLLER K R. Kernel principal component analysis [C] //International Conference on Artificial Neural Networks, 1997: 583-588.

[197] SCHöLKOPF B, SMOLA A J, WILLIAMSON R C, et al. New support vector algorithms [J]. Neural Computation, 2000, 12 (5): 1207-1245.

[198] SCHOLKOPF B, SUNG K K, BURGES C J C, et al. Comparing support vector machines with gaussian kernels to radial basis function classifiers [J]. IEEE Transactions on Signal Processing, 1997, 45 (11): 2758-2765.

[199] SCHROER R. Space: avionics' next frontier [J]. IEEE Aerospace & Electronic Systems Magazine, 2002, 17 (7): 26-31.

[200] SCHUMANN J, SRIVASTAVA A N, MENGSHOEL O J. Who guards the guardians? — toward V&V of health management software [C] // Runtime Verification. Berlin: Springer, 2010: 399-404.

[201] SEBALD D J, BUCKLEW J A. Support vector machines and the multiple hypothesis test problem [J]. IEEE Transactions on Signal Processing, 2001, 49 (11): 2865-2872.

[202] SEVKLI M, OZTEKIN A, UYSAL O, et al. Development of a fuzzy anp based swot analysis for the airline industry in turkey [J]. Expert Systems With Applications, 2012, 39 (1): 14-24.

[203] SHOU-SONG Z J F H. Chaotic time series prediction based on multi-kernel learning support vector regression [J]. Acta Physica Sinica, 2008, 5: 1-17.

[204] SI X S, WANG W, HU C H, et al. Remaining useful life estimation based on a nonlinear diffusion degradation process [J]. IEEE Transactions on Reliability, 2012, 61 (1): 50-67.

[205] SIM L, CUMMINGS M L, SMITH C A. Past, present and future im-

plications of human supervisory control in space missions [J]. Acta Astronautica, 2008, 62 (10): 648-655.

[206] SMITH J F. A Summary of spacecraft avionics functions [C] // Digital Avionics Systems Conference, 1993: 413-418.

[207] ZHANG S, KANG R, HE X, et al. China's efforts in prognostics and health management [J]. IEEE Transactions on Components and Packaging Technologies, 2008, 31 (2): 509-518.

[208] SMOLA A J, SCHöLKOPF B. A tutorial on support vector regression [J]. Statistics and Computing, 2004, 14 (3): 199-222.

[209] SON J, ZHOU Q, ZHOU S, et al. Evaluation and comparison of mixed effects model based prognosis for hard failure [J]. IEEE Transactions on Reliability, 2013, 62 (2): 379-394.

[210] SUN B, ZENG S, KANG R, et al. Benefits and challenges of system prognostics [J]. IEEE Transactions on Reliability, 2012, 61 (2): 323-335.

[211] SUN S. Multi-sensor optimal information fusion kalman filters with applications [J]. Aerospace Science and Technology, 2004, 8 (1): 57-62.

[212] THISSEN U, VAN BRAKEL R, DE WEIJER A P, et al. Using support vector machines for time series prediction [J]. Chemometrics and Intelligent Laboratory Systems, 2003, 69 (1): 35-49.

[213] TOBON-MEJIA D A, MEDJAHER K, ZERHOUNI N. CNC machine tool's wear diagnostic and prognostic by using dynamic bayesian networks [J]. Mechanical Systems and Signal Processing, 2012, 28: 167-182.

[214] HORENBEEK A V, PINTELON L. Development of a maintenance performance measurement framework—using the analytic network process (ANP) for maintenance performance indicator selection [J]. Omega, 2014, 42 (1): 33-46.

[215] VAPNIK V N. The nature of statistical learning theory [M]. Berlin: Springer science & business media, 2000.

[216] VICHARE N M, PECHT M G. Prognostics and health management of electronics [J]. IEEE Transactions on Components and Packaging Technologies, 2006, 29 (1): 222-229.

[217] ZAKI M R, VARSHOSAZ J, FATHI M. Preparation of agar nanospheres: comparison of response surface and artificial neural network modeling by a genetic algorithm approach [J]. Carbohydrate Polymers, 2015, 122: 314-320.

[218] WANG G, CUI Y, WANG S, et al. Design and performance test of spacecraft test and operation software [J]. Acta Astronautica, 2011, 68 (11): 1774-1781.

[219] WANG G, WANG C, ZHOU B, et al. Immunevonics: avionics fault tolerance inspired by the biology system [C] //Computational Intelligence and Industrial Applications, 2009, 1: 123-126.

[220] WANG J, FAN K, WANG W. Integration of fuzzy AHP and FPP with topsis methodology for aeroengine health assessment [J]. Expert Systems With Applications, 2010, 37 (12): 8516-8526.

[221] WANG T, YU J, SIEGEL D, et al. A Similarity-based prognostics approach for remaining useful life estimation of engineered systems [C] //Prognostics and Health Management, 2008: 1-6.

[222] WANG Z, HUANG H Z, DU X. Reliability-based design incorporating several maintenance policies [J]. Eksploatacja i Niezawodnosc, 2009 (4): 37-44.

[223] WANG Z F, ZARADER J L, ARGENTIERI S. A novel aircraft engine fault diagnostic and prognostic system based on svm [C] // International

Conference on Condition Monitoring and Diagnosis, 2012: 723-728.

[224] WEI M, CHEN M, ZHOU D. Multi-sensor information based remaining useful life prediction with anticipated performance [J]. IEEE Transactions on Reliability, 2013, 62 (1): 183-198.

[225] WILKINSON C. Prognostics and health management for improved dispatchability of integrated modular avionics equipped aircraft [C] //Digital Avionics Systems Conference, 2004.

[226] XU J, GUO F, XU L. Integrated system health management-based state evaluation for environmental control and life support system in manned spacecraft [J]. Journal of Systems and Control Engineering, 2013, 227 (5): 461-473.

[227] XU J, MENG Z, XU L. Integrated system health management-based fuzzy on-board condition prediction for manned spacecraft avionics [J]. Quality & Reliability Engineering International, 2016, 32 (1): 153-165.

[228] XU J, MENG Z, XU L. Integrated system of health management-oriented reliability prediction for a spacecraft software system with an adaptive genetic algorithm support vector machine [J]. Eksploatacja I Niezawodnosc - Maintenance and Reliability, 2014, 16 (4): 571-578.

[229] XU J, XU L. Health management based on fusion prognostics for avionics systems [J]. Systems Engineering and Electronics, 2011, 22 (3): 428-436.

[230] XU J, XU L. Integrated system health management-based condition assessment for manned spacecraft avionics [J]. Journal of Aerospace Engineering, 2013, 227 (1): 19-32.

[231] YANG Y. Expert network: effective and efficient learning from human decisions in text categorization and retrieval [C] //Proceedings of the 17th

Annual International ACM Sigir Conference on Research and Development in Information Retrieval, 1994: 13-22.

[232] YANG Y, PEDERSEN J O. A comparative study on feature selection in text categorization [C] //Proceedings of the 14th International conrerence on Machine Learning, 1997, 97: 412-420.

[233] YAZGAN H R, BORAN S, GOZTEPE K. An ERP software selection process with using artificial neural network based on analytic network process approach [J]. Expert Systems With Applications, 2009, 36 (5): 9214-9222.

[234] YU T, CUI W, SONG B, et al. Reliability growth estimation for unmanned aerial vechicle during flight-testing phases [J]. Eksploatacja I Niezawodnosc-Maintenance and Reliability, 2010 (2): 43-47.

[235] ZAIM S, SEVKLI M, CAMGOZ-AKDAGH, et al. Use of ANP weighted crisp and fuzzy QFD for product development [J]. Expert Systems With Applications, 2014, 41 (9): 4464-4474.

[236] DEMIREL O F, ZAIM S, TURKYLMAZ A, et al. Maintenance strategy selection using AHP and ANP algorithms: a case study [J]. Journal of Quality in Maintenance Engineering, 2012, 18 (1): 16-29.